宇宙探秘丛书

Xingkong Cuican

钟倩欣　吴贤聪　林鸿志　吴啟明　编著

SPM 南方出版传媒
广东科技出版社｜全国优秀出版社
·广　州·

图书在版编目（CIP）数据

星空璀璨 / 钟倩欣等编著. —广州：广东科技出版社，2021.4（2024. 6 重印）
（宇宙探秘丛书）
ISBN 978-7-5359-7616-1

Ⅰ. ①星… Ⅱ. ①钟… Ⅲ. ①天文观测－普及读物 Ⅳ. ① P12-49

中国版本图书馆 CIP 数据核字（2021）第 030823 号

星空璀璨
Xingkong Cuican

出 版 人：朱文清
责任编辑：张 芳 黄 铸 严 旻
封面设计：柳国雄
责任校对：高锡全
责任印制：彭海波
出版发行：广东科技出版社
（广州市环市东路水荫路 11 号 邮政编码：510075）
销售热线：020-37607413
https: //www.gdstp.com.cn
E-mail: gdkjbw@nfcb.com.cn
经 销：广东新华发行集团股份有限公司
印 刷：广州市彩源印刷有限公司
（广州市黄埔区百合三路8号 邮政编码：510700）
规 格：787mm×1 092mm 1/16 印张 5.75 字数 115 千
版 次：2021 年 4 月第 1 版
2024 年 6 月第 3 次印刷
定 价：48.00 元

前　　言

星空总能引起我们的无限遐想，通过观星，我们可以了解到很多趣事，学到很多有趣的知识。星空是我们观察并了解宇宙的窗口。

在夜空中很容易找到北斗七星，借助北斗七星可以找到北极星。北极星总在正北方，因为地球的自转轴总是指向北极星。

夏夜里可以找到比较明亮的织女星，织女星与牛郎星隔着银河相望，牛郎星旁边还有两颗小星，传说它们是牛郎担着的一对儿女。每年农历七月初七，牛郎与织女在鹊桥上相会。这是中国古代关于星星的传说故事。

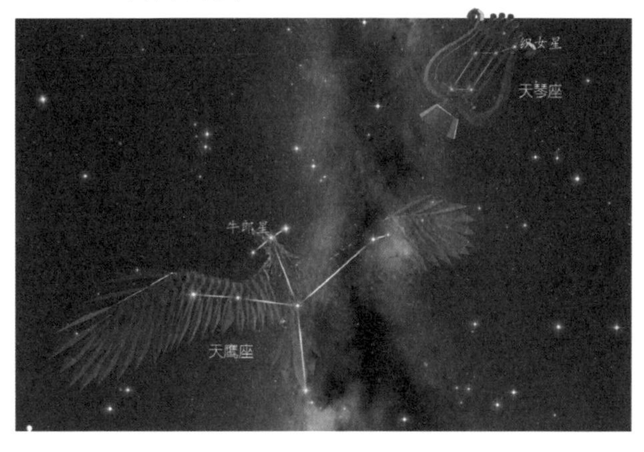

为了便于观星，人们将相近的星划归到一个个星座中，北斗七星位于大熊座，北极星位于小熊座，牛郎星位于天鹰座，织女星位于天琴座。

占星术说，根据人的出生日期可以判断人所属的星座，进而知道人的性格和运情。虽然占星术的说法没有科学根据，但通过星座观测星星是一项科学工作。天空中共有88个星座，为什么我们谈论得最多的只是12个星座呢？因为这12个星座正好位于黄道线上，黄道线是太阳在天空中走过的轨迹。这12个星座被称为黄道十二星座，它们分别为：宝瓶座、双鱼座、白羊座、金牛座、双子座、巨蟹座、狮子座、室女座、天秤座、天蝎座、人马座、摩羯座。

古人对天上的星星只能远观，现在人类探索的触角伸到了太空，

人类已经可以登月，人类制造的飞行器已经到达了太阳系内的其他行星，并且登陆了小行星，登陆了彗星，更有飞行器飞行了40多年，正在飞出太阳系。

现在，人们对星空和宇宙不但有遐想，更有很多实际的行动。我们可以从观星开始，放飞我们的梦想，将来成为探索宇宙的行动者。

观星涉及的知识相当丰富，观星会给我们带来很大的挑战和无限的乐趣。为此，我们编写了《星空璀璨》一书，对观星的相关知识进行科普介绍。

《星空璀璨》是一本介绍如何观星的图书，主要介绍星座的基本知识、四季星空的辨认和观测、光学望远镜的基本知识、天文摄影的入门、天文观星软件的推荐和使用简介等。希望读者阅读本书后，能了解天体运行的一般规律，能裸眼或使用光学望远镜进行星空观测，借助观星软件进行星空探索，初步掌握天文摄影的一般方法。本书对青少年读者进行星空观测知识的科普，具有实操性，能拓展视野，增强能力，激励青少年勇于进行宇宙探索。

本书由钟倩欣、吴贤聪、林鸿志、吴啟明共同撰写，主要由钟倩欣、林鸿志统稿和定稿。Part 1—Part 3由钟倩欣主笔，Part 4由吴啟明主笔，Part 5由吴贤聪、林鸿志、吴啟明合作撰写，Part 6由吴贤聪、钟倩欣合作撰写。

感谢广州大学地理科学与遥感学院科普基地的领导和老师们的信任与鼓励！感谢广东科技出版社的编辑在策划和编辑过程中做了大量的工作，并且对全书的总体思路和具体细节提出了宝贵的意见！感谢黄慧华老师为Part 5的撰写提出了宝贵的意见！

本书写作时间仓促，难免存在缺点和错误，诚挚地欢迎读者批评、指正。

编者

2020年11月11日

目录

Part 1

观星的乐趣

Part 2

从星座讲起

一、星座与星名 ……006

二、星星是如何运动的 ……012

三、星图及其使用 ……014

Part 3

认识四季星空

一、为何夏夜的星星比冬夜多 ……015
二、星星的明亮程度等级 ……018
三、春季星空：河东狮吼 ……019
四、夏季星空：牛郎织女 ……023
五、秋季星空：王族传说 ……027
六、冬季星空：明星璀璨 ……033
七、裸眼看星星的准备 ……038

Part 4

光学望远镜

一、双筒望远镜 ……040
二、天文望远镜 ……042

Part 5

天文摄影入门

一、拍摄太阳 ……………………………… 048
二、拍摄月球 ……………………………… 053
三、给星星留影 …………………………… 058
四、特殊天象观察记录 …………………… 063

Part 6

观星 APP 和观星软件

一、Star Walk 2 …………………………… 074
二、其他 APP 和软件简介 ……………… 077

Part 1 观星的乐趣

天朗气清的夜晚，繁星满天。你不经意地抬头仰望星河时，是否会惊叹于星空的美妙？是否会产生无尽的遐想？

通过观察和学习，认识天上的星座，辨识星座中主要的星，找出哪些是太阳系的行星，观察特定的天象，这些都是充满挑战又充满乐趣的事情。

观星会涉及很多知识。在观星活动过程中，你会不断有新的发现，不断学到新的知识，同时也会发现宇宙间更多的未知事物，激发起更多探索的渴望。

从天文学的角度来看，太阳也是宇宙中一颗普通的恒星，只是离我们比较近才显得很特别。如果离得很远，它看上去也和天上的其他星星一样。

阳光明媚的白天，太阳散发着耀眼的光芒，让我们不敢直视。通过特制的望远镜，我们是可以观察太阳的（如图1-1和图1-2）。

到夜幕降临时，最容易观察到的天体莫过于月亮了，我们可以用肉眼观察到月亮的圆

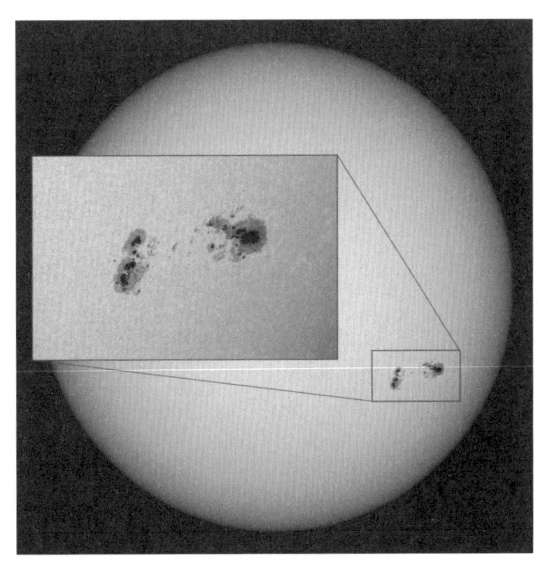

图1-1　太阳光球层上的黑子

图 1-2　太阳色球层上的日珥

缺。满月时，我们看到的月亮像一个光亮的大圆盘，用天文望远镜将月亮拉近，我们可以看到月亮清晰的样貌（如图 1-3）。

夜晚除月亮外，我们比较容易看到的亮星是太阳系内的行星，如金星、木星、土星等。别看用肉眼观察它们只是一个较亮的星点（如图 1-4），通过天文望远镜，我们可以看到它们多姿多彩的形态！金星像月亮一样，也有圆缺变化；木星有壮观的大红斑；土星有美丽的光环（如图 1-5）……

图 1-3　满月月面

图 1-4 肉眼观察到的金星与木星（林鸿志 摄）

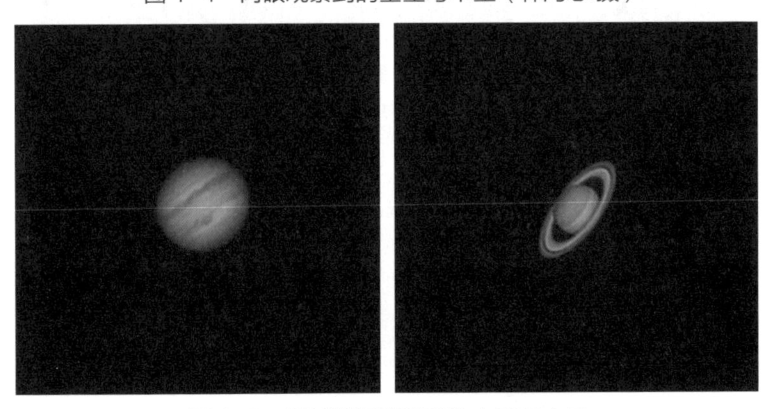

图 1-5 通过望远镜看到的木星和土星

夜空里的星星，绝大多数都是像太阳一样的恒星，只是它们离我们太遥远了，我们只能看到星星点点的光芒。仰望星空，你是否曾像古人一样，将这些看起来杂乱无章的星星点点连成形状呢（如图 1-6 和图 1-7）?

夜空中繁星点点，我们借助一个小型的双筒望远镜，还能从中看到更为美丽的星云（如图 1-8）。当你通过望远镜看到这些黑夜里的精灵时，相信你也会惊叹于它们也可以“近在眼前”，会惊叹于这夜空的神秘和壮阔!

想要和夜空来一场亲密接触吗？让我们一起开启观星之旅吧!

图 1-6　看似杂乱无章的星星，实际上有着固定的排列：北斗七星（林鸿志 摄）

图 1-7　看似杂乱无章的星星，实际上有着固定的排列：猎户座（黄慧华 摄）

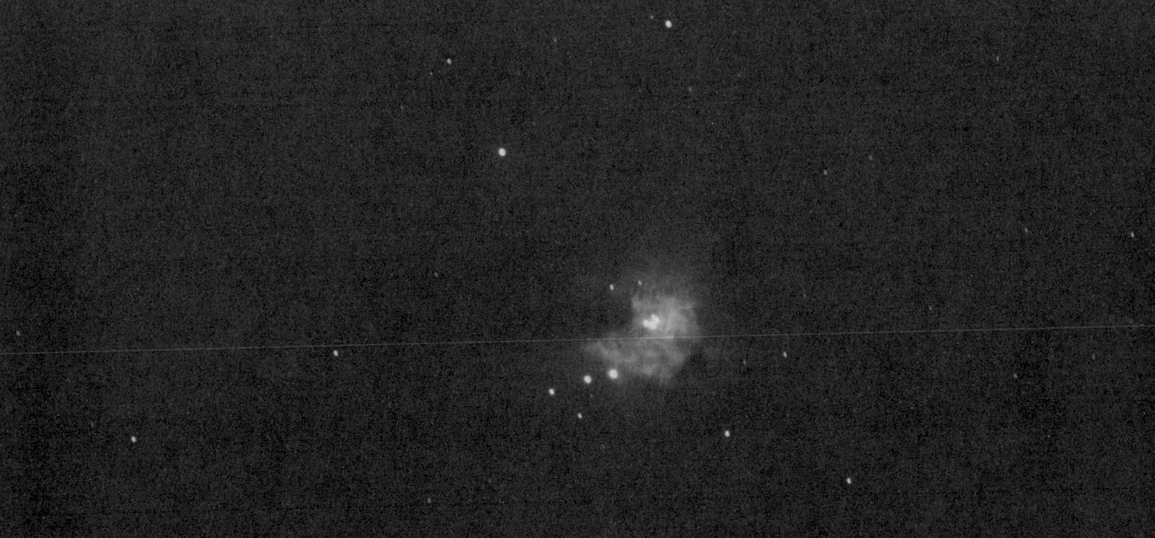

图 1-8　用望远镜看到的猎户座大星云 M42（卢俞君 摄）

从星座讲起

一、星座与星名

远古时期，人们就已经注意到，除极个别星星（如行星）的相对位置会经常发生变化外，绝大多数星星之间的相对位置是基本不变的，人们把这些相对位置基本不变的星星称为恒星。

1. 星座的起源、命名与划分

在数千年前的美索不达米亚地区，古人就开始把这些看起来相对位置不变的星星用假想的连线连接起来，将它们想象成人们熟悉的事物，如神话人物、动物、物件等，并加以命名，这就是“星座”。当时他们已经命名了 20 多个星座，形成了星座系统的雏形。后来这种做法传到希腊，古希腊人将星座命名做法发扬光大，创造出一个想象中的星空世界系统。公元 2 世纪，古希腊天文学家托勒密在其著作《天文学大成》中记录了 48 个星座共 1 022 颗恒星。这可以认为是现代星座的雏形，而这些星座大多数是在北半球才能看到的星座。后来，许多天文学家在托勒密星座的空档里填充了新的星座。随着大航海时代的到来，在南半球才能看到的更多星座被发现和命名。

在交通和信息传递都落后的古代，不同文明对星座的划分和命名不尽相同，世界各地都有自己的一套星座命名体系，不同地区的天文学家在研究星座时绘制的星座图也各不相同。为了便于交流，1922 年，国际天文学联合会在前人的基础上，统一制定了目前国际公认的星座体系：全天空共划分为 88 个星座。

2. 黄道十二星座

天上绝大多数星和星座的相对位置是不变的，我们可以想象这些星和星座是固定在一个球形天幕上的，这个球形天幕称为天球。太阳和地球处在天球中间（如图 2-1）。因为地球自转，地球上的人看到星和星座在天空中整体从东向西运动；因为地球绕着太阳公转，向太阳方向的星空被太阳光芒掩盖而看不到，只能看到背向太阳的星空，所以地球上的人四季所见的星空是不同的。

地球上的人看到太阳也同样在这一星空背景中运动。古人十分崇敬太阳，将太阳视为神，如古希腊的太阳神阿波罗就是给人类带来温暖和光明的神。如此伟大的神明在古人的想象中出行有宝辇，夜宿有寝宫。因此古人把太阳穿行的这条路线称为黄道，黄道平均划分为 12 个区域，称为黄道十二宫，每个月太阳神住在不同的宫内。

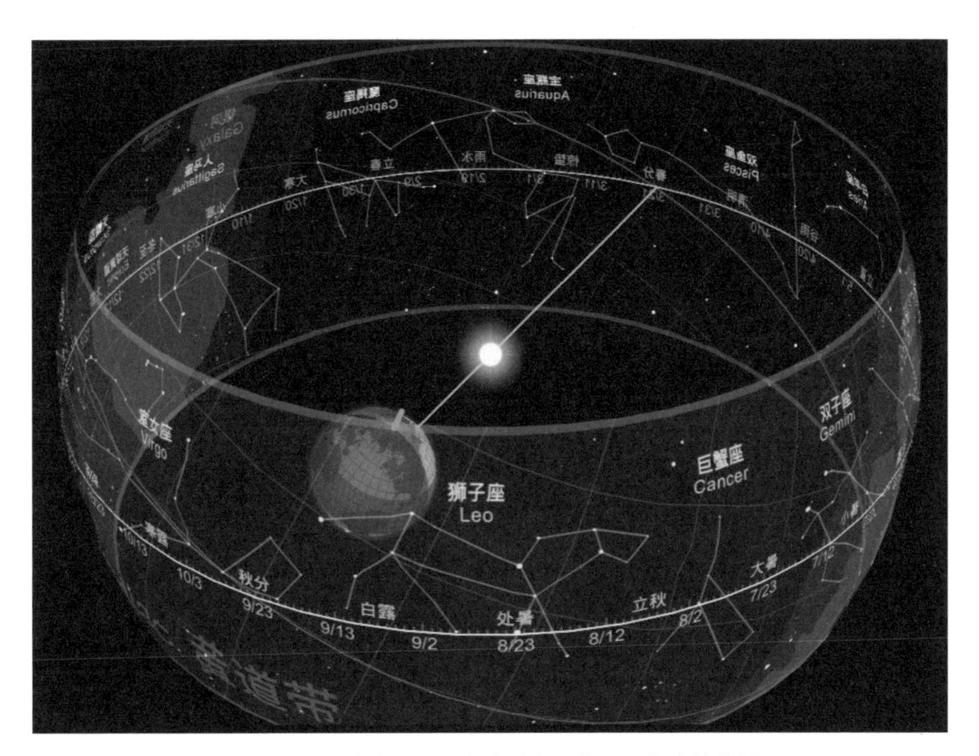

图 2-1　从地球上看，春分时太阳位于双鱼座的位置

黄道十二宫分别以临近的星座来命名，这便是大名鼎鼎的黄道十二星座：宝瓶座、双鱼座、白羊座、金牛座、双子座、巨蟹座、狮子座、室女座、天

秤座、天蝎座、人马座、摩羯座。需要注意的是，黄道十二宫是均匀分布的，而黄道十二星座则是有大有小的，我们可以通过其中易于观察的星座去找相邻的星和星座。

下面来看看在地球绕太阳公转的过程中，我们从地球上看，太阳在黄道上的位置如何变化(如图 2-2)。

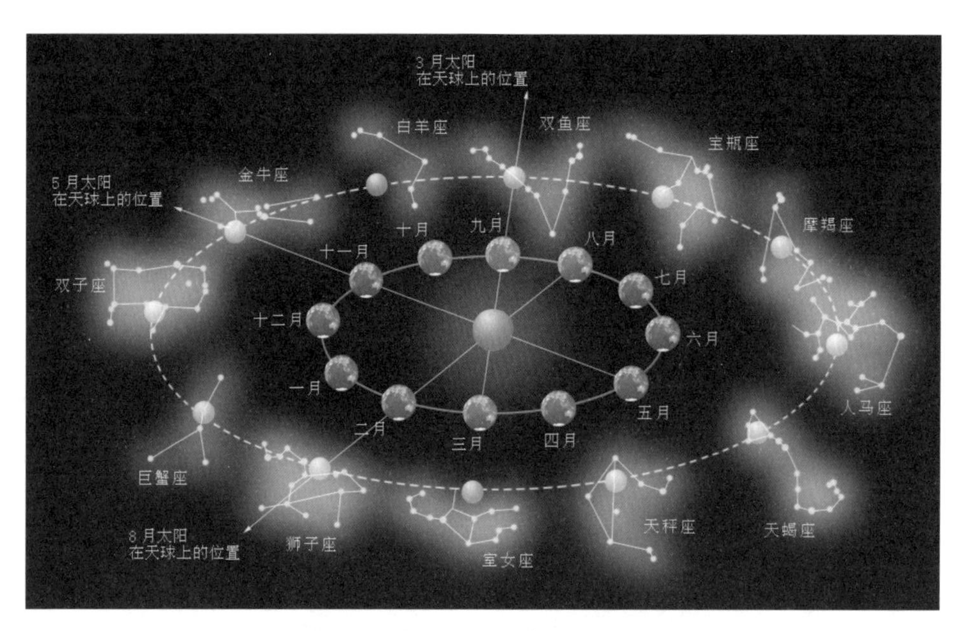

图 2-2　地球、太阳及黄道十二宫

春分前后，太阳位于双鱼座和白羊座的位置，因为太阳明亮，我们是见不到双鱼座和白羊座的，晚上见到的是背面的室女座和天秤座。

夏至前后，太阳位于双子座和巨蟹座的位置，因为太阳明亮，我们是见不到双子座和巨蟹座的，晚上见到的是背面的人马座和摩羯座。

秋分前后，太阳位于室女座和天秤座的位置，因为太阳明亮，我们是见不到室女座和天秤座的，晚上见到的是背面的双鱼座和白羊座。

冬至前后，太阳位于人马座和摩羯座的位置，因为太阳明亮，我们是见不到人马座和摩羯座的，晚上见到的是背面的双子座和巨蟹座。

3. 占星学的星座与天文学的星座

年轻人常会根据某人的出生日期来判断他属于什么星座，他们所说的星座就是黄道十二星座。例如，10 月 24 日至 11 月 22 日出生的人属于天蝎座，从观星的角度来看，每年 10 月 24 日至 11 月 22 日这段时间，太阳刚好处在天蝎座的位置，这时向天蝎座方向看过去，天蝎座被太阳光芒掩盖，根本看不到。

观星 APP 运用 VR 技术，白天也可以将星座标出来。图 2-3 是 2020 年 11 月 14 日中午用手机通过观星 APP 拍摄的照片。图中金黄色的是太阳，黑色的是月亮。太阳与月亮在接近同一方向上，如果这几天晚上见到月亮，它应该是残月或新月，这几天应该是农历月初或月末。

图 2-3　太阳处于天蝎座的位置

4. 中国古代的星宿

西方的星座，一部分成了诸神的领地，上面布满各种希腊罗马的神仙，以及相关的种种琐碎东西；另一部分为奇怪的鸟兽器物，主要来自大航海时代和工业革命后人类对世界新的认知。而在我国古代，星空以“天极、三垣、二十八宿”为基础，是人间帝国的映照，从宫殿到菜市场，吃喝拉撒，地上有的，天上也一应俱全。中国古代星宿与西方的星座，是对同一星空不同的命名法。

（1）天极和三垣。繁星东升西落，围绕着北方天空中的一点运动，这一点被称为星空的“北极”，人们将最接近北极的那颗星叫作北极星（又名小熊 α、勾陈一），并认定为最高天神，也就是天极。用三脚架固定相机，对着星空长时间（如 1 小时）曝光，星星会在照片中留下一组圆弧线轨迹，它们共同的圆心就是天极（如图 2-4）。中国星宿的所有故事，都围绕着这个象征帝王

图 2-4　从星轨照片看星星的运动

的天极展开。

天极的周围是三垣：紫微垣、太微垣、天市垣。紫微垣象征皇室，是天上的皇宫，包括北天极附近的天区；太微垣象征达官贵人、王侯将相，是天上的管理者，包括室女、后发、狮子等星座的一部分；天市垣是天上的街市，象征财富和繁荣，包括蛇夫、武仙、巨蛇、天鹰等星座的一部分。

（2）二十八宿。中国古代星宿着重在二十八宿，也就是环绕天球一周的二十八个星宿。然而它们的排列规律至今没有被科学家参透，但有一点可以肯定："二十八"这个数字，让人一下子想到月亮绕天球一周的时间——27 天多一点，不到 28 天。另外，"宿"之意本来就是停留，这 28 个星宿便是月亮在天空中停留的驿站。

在中国，二十八宿并非一夜之间就生长出来的。春秋时代的《诗经》中就出现过"毕宿"，完整的二十八宿到西汉初步确立，之后还与中华民族的四个远古图腾建立起关系：东方的苍龙、西方的白虎、南方的朱雀、北方的玄武，每个图腾对应七个星宿，不偏不倚。也正因为有着东西南北的对应关系，这些天上的星宿也对应了地上的州郡，而且都有仙兽镇守。

东方七宿：角、亢、氐、房、心、尾、箕。
北方七宿：斗、牛、女、虚、危、室、壁。
西方七宿：奎、娄、胃、昴、毕、觜、参。
南方七宿：井、鬼、柳、星、张、翼、轸。

5. 星星的命名

一颗恒星一般会有几个名字，它们分别是西方习惯命名、中国古代命名和拜耳命名（见表 2-1）。西方习惯命名主要来自民间故事和神话，而中国古代会根据星宿命名。最为科学的是拜耳命名法，它根据星星所在的位置和星的亮度等级来命名。

表 2-1 星的不同命名

西方习惯命名	中国古代命名	拜耳命名
Polaris	勾陈一	小熊 α
Sirius	天狼星	大犬 α
Fomalhaut	北落师门	南鱼 α
Rigel	参宿七	猎户 β

一个星座就像一个大家族，每颗恒星都以它所在的星座名作为“姓”。星座中的恒星以亮度排队，最亮的是老大，以希腊字母中的第一个字母 α 作为“名”，老二、老三则依次用希腊字母的第二、第三个字母作为“名”，依此类推。以著名的猎户座为例，它最亮的几颗星的名字分别是猎户 α、猎户 β、猎户 γ、猎户 δ 等。可是希腊字母总共只有 24 个，要给众多的星星命名当然不够，于是天文学家又规定在希腊字母用完后，用阿拉伯数字继续排，如猎户 1、猎户 2 等。这样，一个星座中无论有多少颗星，都不必为取名字发愁了。

值得注意的是，在拜耳命名法中，虽然许多星座中最亮的恒星被选定为 α 星，但它有时候是依星图由上而下来命名的，α 星不一定是最亮的那颗星，比如猎户座最亮的星为猎户 β，中国古代星宿名为参宿七（如图 2-5）。

我们在本书中多数时候会使用国际公认的星座名称，具体到某颗星时，我们也会采用中国的名称，这样更易记忆。

图 2-5　猎户座亮星的命名

二、星星是如何运动的

由于地球自西向东自转，地球上的人观测到的自然天体每天的运动方向都是自东向西的，如太阳的东升西落，其他恒星和行星也同样如此。恒星和行星在同一天里很难通过其运动情况来区分，但把时间拉长一点，如一个月、一个季节甚至是一年，将同一片星空进行对比，就容易区分出恒星与行星了（如图 2-6）。

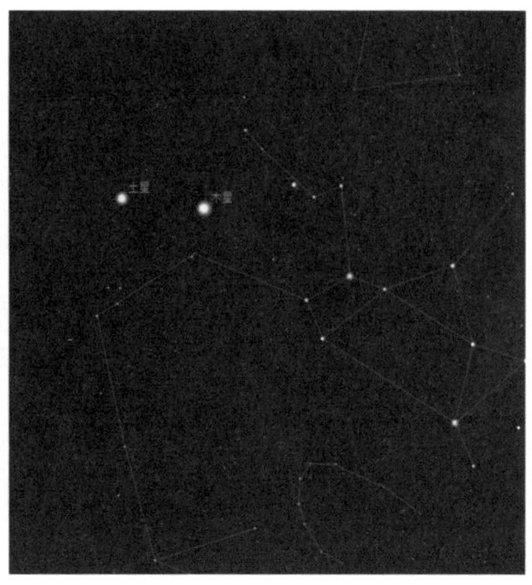

图 2-6　土星在一个月内的位置变化

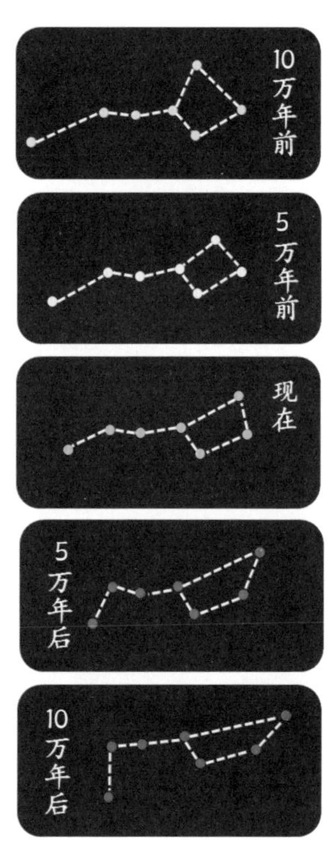

图 2-7　北斗七星的位置变化

行星距离地球比较近，它们的位置变化在短期内可以观测到，而恒星（不包括太阳，太阳是唯一离地球近的恒星）距离地球遥远，它们的相对位置变化对于地球上的观测者来说难以察觉。从上图中我们可以看到，恒星的相对位置是不变的，恒星之间保持着同样的距离和方位，而行星（图中的土星）的位置却发生了变化。

我们肉眼可见的水星、金星、火星、木星、土星等行星每天都会在天上不同的相对位置出现。但由于八大行星绕太阳公转具有共面性，即八大行星的公转轨道都接近在同一平面上，都在黄道附近，因此行星一般出现在太阳经过的轨道附近。而遥远的恒星自身的运动从地球上看是难以察觉的，人类要经过几千年甚至上万年才能发现恒星微小的相对位置变化（如图 2-7）。

三、星图及其使用

星图是将天体的球面视位置投影到平面上，表示天体的位置、亮度和类型的图形，是天文观测的基本工具之一，可以帮助我们认星、找星、熟悉星的亮度等级和颜色。星图上用赤经和赤纬表示星星的位置，这就像地理上用经度和纬度表示地球上的位置。

星图和地图一样，也是有方向的，但与地图不同的是，因为天体周日视运动的方向（即东升西落、自东向西）与地球自转的方向（自西向东）相反，星图的默认方向为上北下南、左东右西。以下简单介绍几种常用的星图。

1. 四季星图

四季星图是将春夏秋冬四个季节的星空分别绘制在四张图上。这是按照从天顶将天体垂直投影到地面上来绘制的，因此四张星图都是圆形的。圆的边缘上标明了对应的地理纬度，以及东西南北四个方向。因为暗星没有画出来，亮星更显得突出，初学者使用起来也更方便。

2. 活动星图

活动星图是一种使用起来十分简单方便的星图。它由底盘和上盘两个圆盘组成。底盘可绕中心旋转，上面画有较亮的恒星与星座，盘周有坐标，并注明月份和日期。上盘有地平圈和东西南北四个方位的切口，盘周还注有时刻。使用时，旋转底盘，使底盘上的当日日期与上盘的观测时刻对准，这时上盘地平圈切口内显露出来的部分就与当时可以看见的星空相同。把活动星图举到头顶上，使星图的南北方向与地面上的南北方向一致，就可以对照星图认识星空了。

3. 全天星图

全天星图则是将整个星空分区分片详细绘制出来的星图。这类星图对于那些已经比较熟悉星空，并且打算进一步观测双星、变星、星云、星团、星系，或者准备寻找新彗星的天文爱好者是非常必要的。

Part 3 认识四季星空

一、为何夏夜的星星比冬夜多

当我们在夏夜仰望星空时，天河像一条飘纱一样横亘在天空。当伽利略用他自制的望远镜向天河望去时，视野里呈现的是满眼繁星，他立刻意识到原来这朦胧似飘纱般的天河是由密密麻麻的恒星组成的，每颗恒星都与太阳相类似。这天河，就是我们所在的银河系。银河系的整体形状类似于体育竞赛中的铁饼，中央略鼓，四周扁平，我们的太阳和地球都处于银河系中。为什么我们看到的银河系呈带状横亘在夜空中呢？为何我们在夏夜看到的银河特别壮观，而它在冬季却比较黯淡呢？

太阳处于银河系的一条旋臂中，处在银河系的核心到边缘的中间位置，而地球绕太阳公转的轨道，转轴基本上垂直于银河系的盘面。

在 7 月，即北半球的夏季，地球公转到银河系中心和太阳之间的位置，夜晚（正好背对着太阳），我们向天空望去，主要的视野范围即银河的大部分，因此天河就像一条飘纱一样由北向南横亘在天空（如图 3–1）。并且当我们向南望去时，能看到银河系的中心部分，即位于人马座，也就是在天蝎座尾巴之上的地方，这里的天体尤为密集，数量最多，显得特别壮观（如图 3–2）。

而到了 1 月，即北半球的冬季，地球公转到太阳和银河系外侧之间的位置，白天我们正对着银河系的中心部分，但由于白天阳光强烈，我们看不见星星，而晚上我们背对着太阳望去，主要的视野范围为银河系薄薄的边缘，天体的数量和密度远不及夏夜看到的方向多，因此冬夜的银河看起来就黯淡得多了（如图 3–3）。

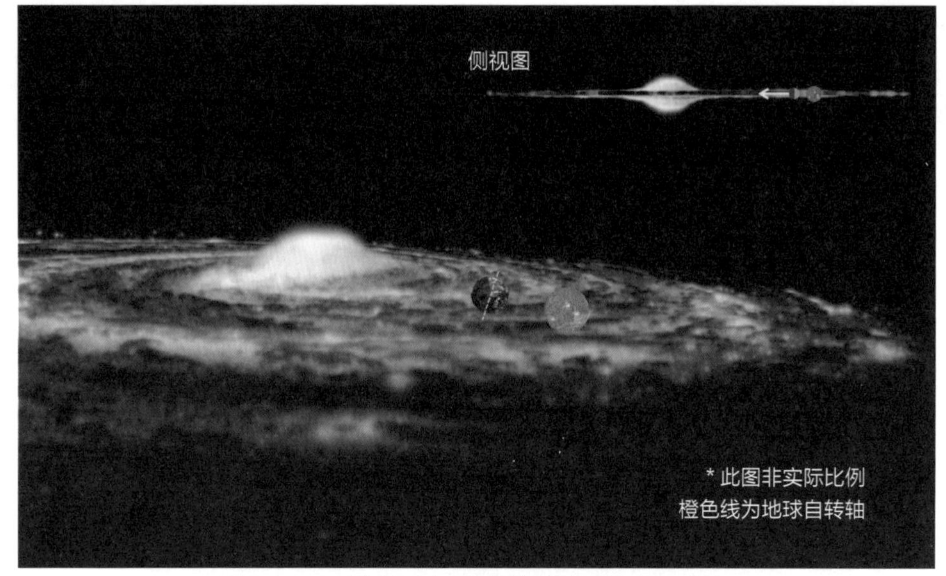

图 3-1　7 月从地球上看到的银河范围是银河中心

图 3-2　银河系的中心部分范围示意图

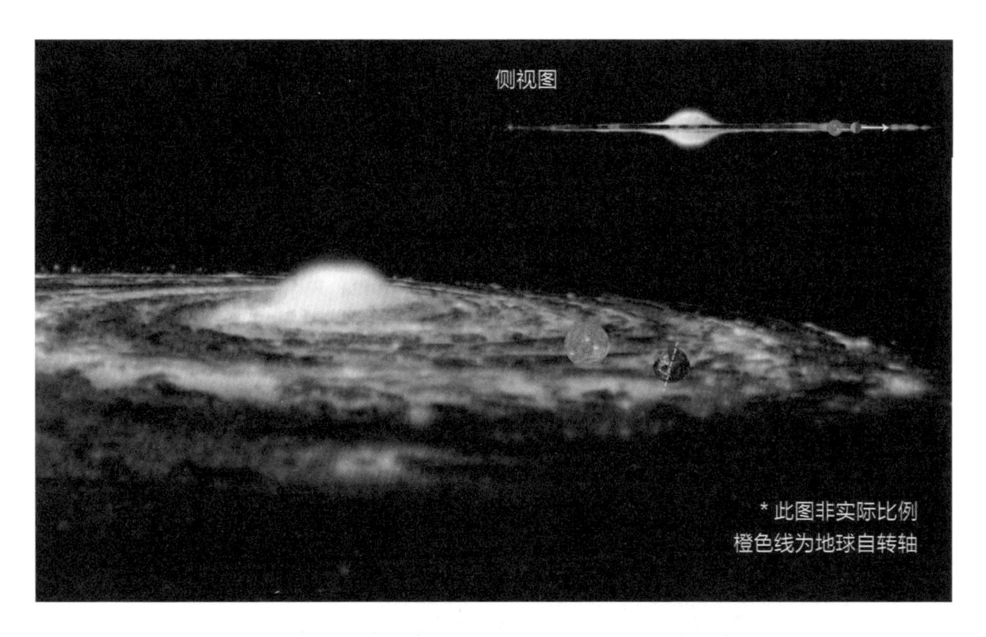

图 3-3 1 月从地球上看到的银河范围为银河系薄薄的边缘

而在春秋季节，地球公转到银河系和太阳一侧的位置，当我们在夜晚背对着太阳的方向望去时，则是往银盘以外望，就很难看到银河了（如图 3-4），即使看到，看到的也是斜着的银河，因此在秋季会出现银河斜挂的现象（如图 3-5）。

图 3-4 春秋季节从地球上看到的宇宙范围

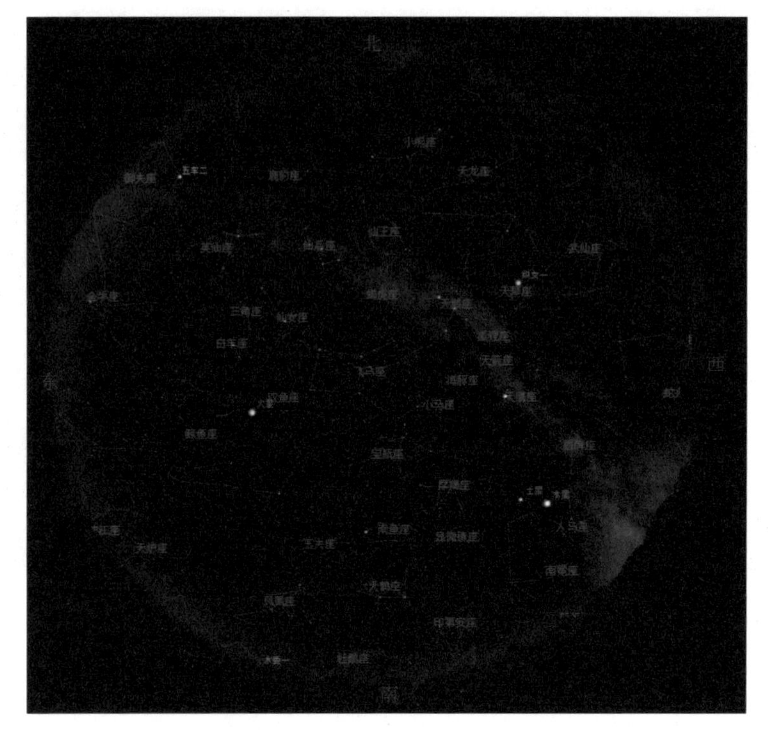

图 3-5　秋季银河斜挂现象示意图

二、星星的明亮程度等级

我们用肉眼观察天体时，会发现它们明暗不同。最亮的太阳让人不敢直视，而暗弱的星星则要用望远镜才可以一窥端倪。

天文学上用视星等来表示天体的明亮程度，视星等数值越大，天体亮度越小，每相差一个等级，亮度相差 2.5 倍，因此，一等星比六等星亮 100 多倍。比一等星还亮的是 0 等星以至负等星，如织女星是一颗标准的 0 等星，全天最亮的恒星（除太阳外）天狼星的视星等为 −1.47 等。冬季的星空之所以看起来更明亮璀璨，是因为组成冬季星空的主要恒星，如大犬座的天狼星、小犬座的南河三、金牛座的毕宿五、猎户座的参宿四和参宿七等，都是视星等较小的亮星，肉眼易见。因此冬季星空对于初学观星者来说是非常容易辨认星星的。

太阳看上去比所有的星星都亮，它的视星等比所有的星星都小得多，为 −26.7 等，这只是因为它和地球距离近。更有甚者，像月亮，本身不发光，只不过反射了太阳的光，视星等却为 −12.6 等，俨然成了人们眼中第二明亮的天体；金星也是如此，因反射了太阳的光，且距离地球近，最明亮时视星等为 -4.8 等，是人们眼中最亮的行星。

视星等的大小并不能说明恒星的真实发光能力，因为星星们离我们的距离相差悬殊，距离我们越近，看起来越亮，距离我们越远，看起来越暗。天文学上还有个“绝对星等”的概念，这个数值才真正反映了星星们的实际发光本领。

三、春季星空：河东狮吼

春季星空是指春季（3—5 月）内整夜都能观测到的星空，纬度不同，人们所看到的春季星空会有所不同，以北半球为例，这主要体现在北极星的高度上。在广州地区，北极星的高度为 23° 左右，春季星空中能看到的主要星座有大熊座、小熊座、牧夫座、室女座、乌鸦座等（如图 3-6）。

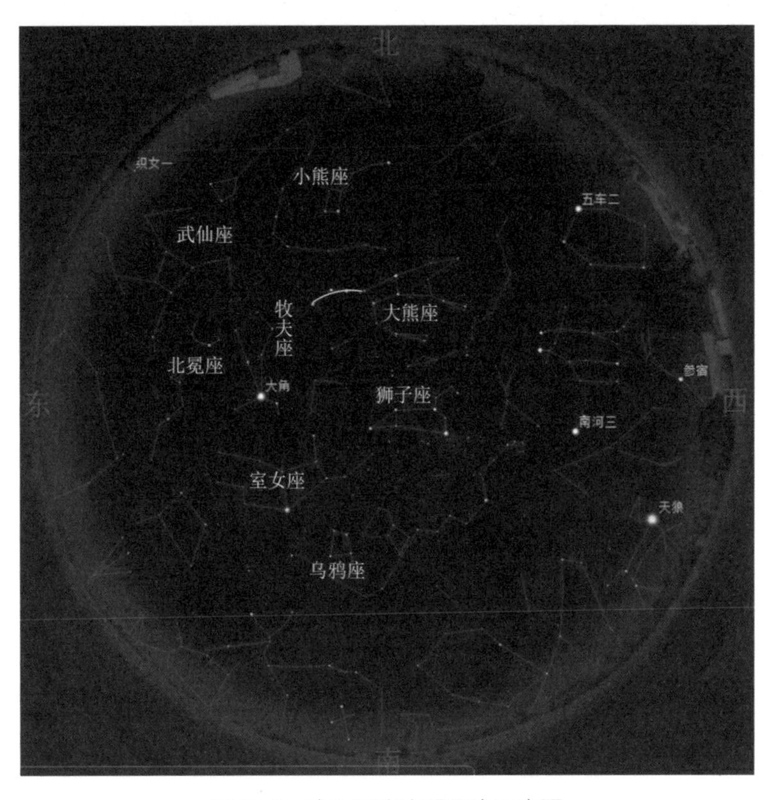

图 3-6　春季星空主要星座示意图

北斗七星位于大熊座之中，我们可以把它看作是大熊的尾巴，它由天枢、天璇、天玑、天权、玉衡、开阳、摇光组成。我们可以通过北斗勺口天璇向天枢连线并延长 5 倍距离，找到北极星（如图 3-7），即位于小熊座的勾陈一。小熊座的形状也像一把勺子，因此小熊座有“小北斗”之称。相传大熊座和小熊座是天上的一对母子，在斗转星移的过程中，大熊座一直围绕着小熊座的北极星旋转，这就像母亲对孩子无微不至的关怀。

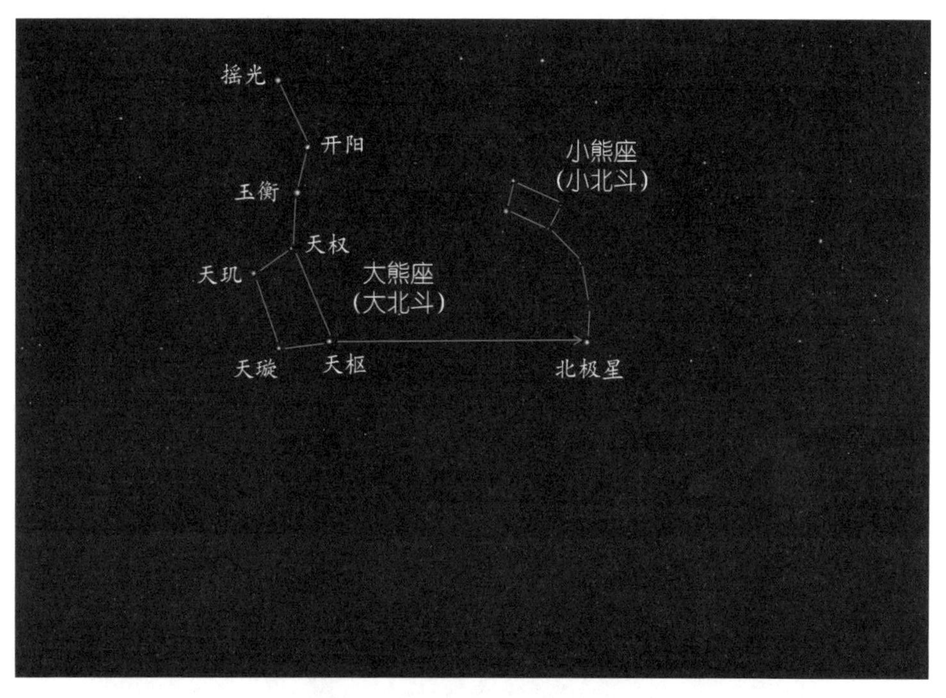

图 3-7　北斗七星与北极星示意图

沿着北斗七星斗柄的曲线弧度延伸，可以找到春季星空中最亮的恒星——牧夫 α（大角），接着可以找到室女 α（角宿一），进一步往南可以找到呈不规则四边形的乌鸦座，由此组成“春季大弧线”（如图 3-8）。牧夫座像一条领带，也可以想象成一只风筝，它在希腊神话中是一个牧羊人的形象。

我们可以在“春季大弧线”的基础上，找到狮子座的亮星。连接大角和角宿一，沿其连线的垂直平分线向西找，就能找到狮子座的“尾巴”五帝座一。牧夫座的大角、室女座的角宿一以及狮子座的五帝座一，组成“春季大三角”。

狮子座是春季星空中能识别出星座轮廓的星座之一，是春季星空的代表，

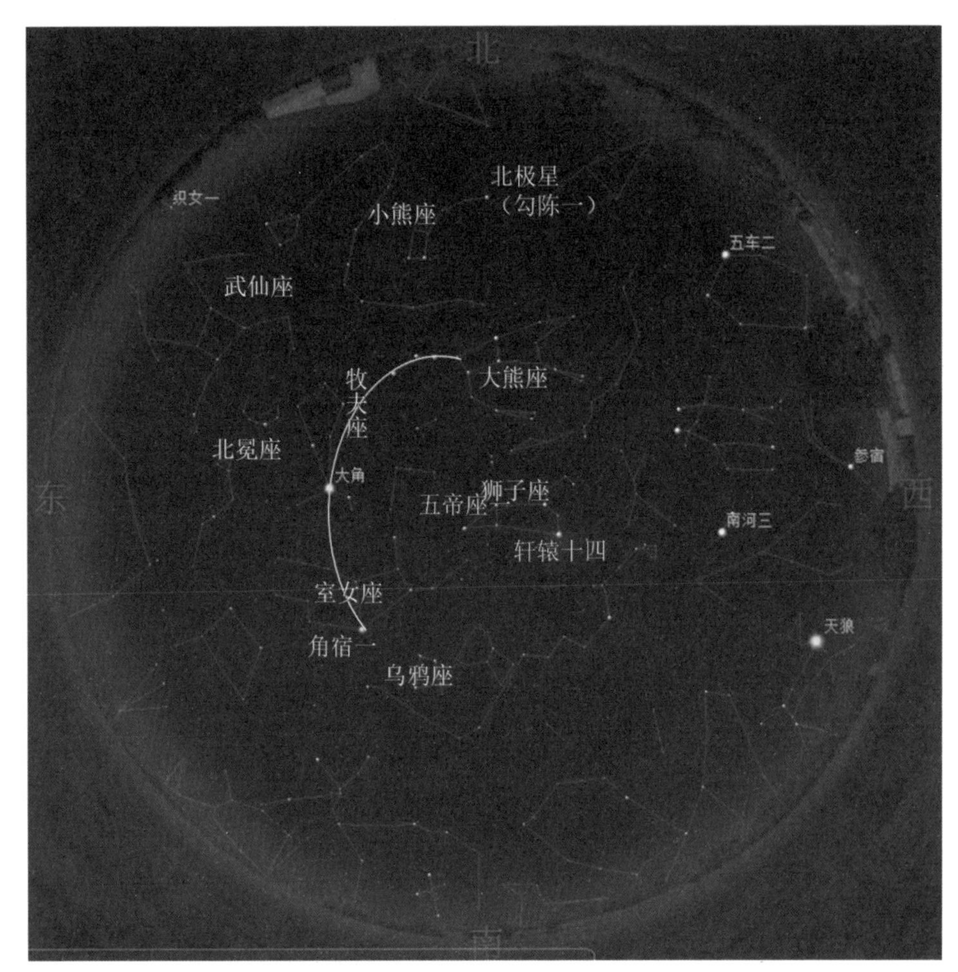

图 3-8 “春季大弧线”示意图

我们可以通过北斗斗口的两颗星的连线往南延长找到狮子座。狮子座最主要的特征就是狮子头部所呈现出的镰刀形，镰刀的尾端就是狮子座的 α 星轩辕十四（如图 3-9）。

【北斗七星四季位置的变化】

夜晚向北方的天空望过去，总能见到属于小熊座的北极星，也可以找到属于大熊座的北斗七星。一年四季，北斗七星在夜空的位置是不同的，它围绕着北极星旋转（如图 3-10）。

春夏季北斗七星在天空的位置比较高，秋冬季北斗七星在天空的位置比

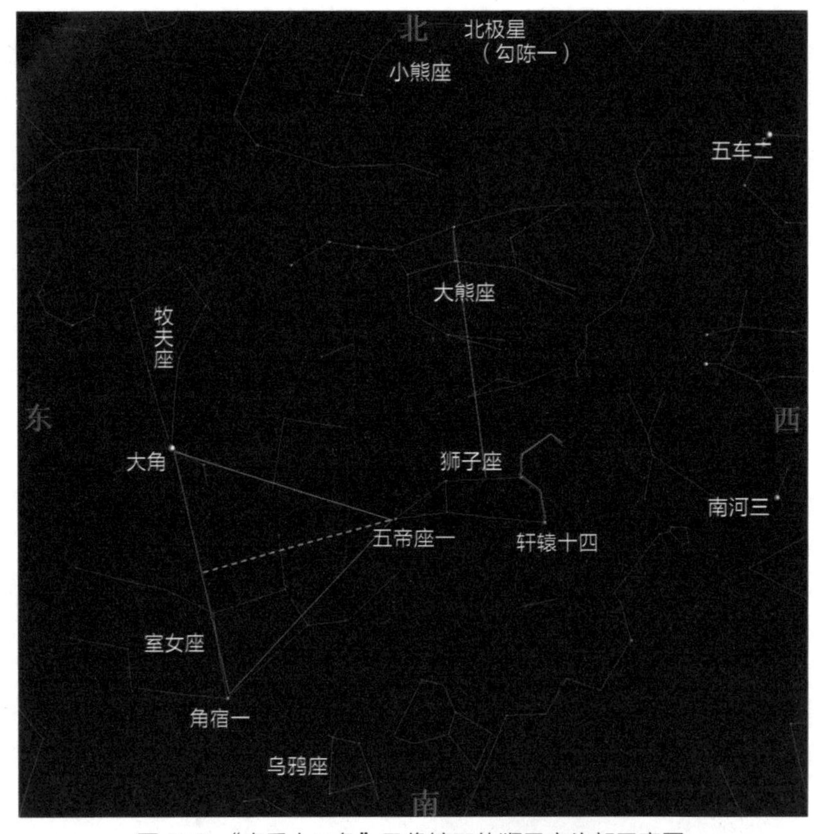

图 3-9 “春季大三角”及像镰刀的狮子座头部示意图

较低。在高纬度的地方，四季都可看到北斗七星。在类似广州这样纬度比较低的地方，秋冬季上半夜是看不到北斗七星的，只有春夏季才可以在上半夜的夜空中看到北斗七星。

古人总结出北斗七星的运行规律，先秦著作《鹖冠子》中有这样的一段话：“斗柄东指，天下皆春；斗柄南指，天下皆夏；斗柄西指，天下皆秋；斗柄北指，天下皆冬。”

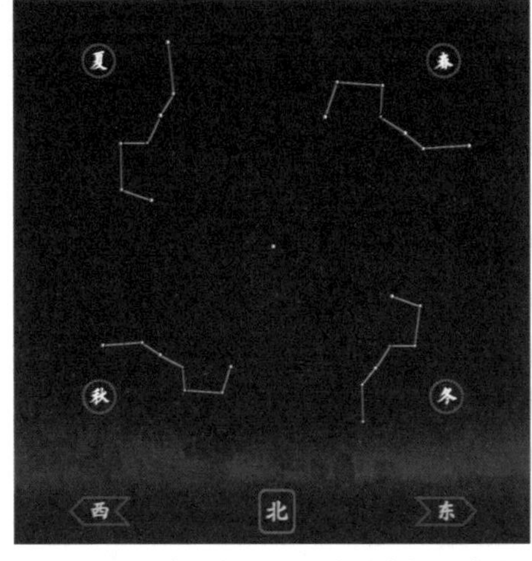

图 3-10 北斗七星四季位置变化示意图

四、夏季星空：牛郎织女

斗转星移，夏夜的星空繁星点点，银河像一条飘纱一样自东北向西南横亘在天空，而夏季明亮的恒星大多在银河附近。我们可以看到中国神话传说中隔着银河遥遥相望的牛郎织女，也可以看到在银河中展翅翱翔的天鹅……

在 8 月的夜晚，往头顶上方望去，可以看到三颗明亮的星星组成显眼的三角形，它可以看成是其中一个角近似 60° 的直角三角形，我们把它称为“夏季大三角”（如图 3-11）。其中，最明亮的、在 90° 角位置的为织女星，它是天琴座的 α 星；由织女星出发，向东南方向越过银河，可以看到天鹰座的 α 星牛郎星，即 30° 角处；在大三角 60° 角处的为天鹅座的 α 星天津四，天津四意为银河上的渡口之一。

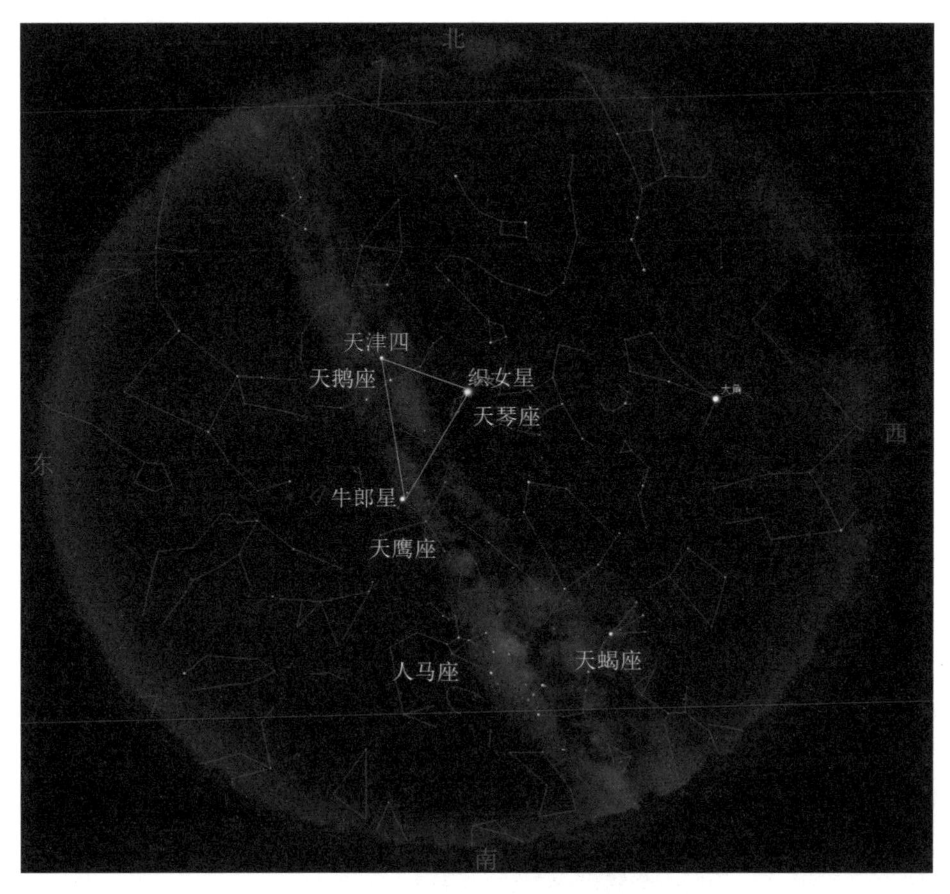

图 3-11 “夏季大三角”示意图

织女星是一颗标准的0等星，也是除太阳外全天第五亮的恒星，距离我们26.3光年，是最早被天文学家准确测定距离的恒星之一。而在西方星座中，织女星和紧邻的4颗小星星组成天琴座，4颗小星星是琴身，织女星是镶在琴头上的钻石。传说天琴是太阳神阿波罗之子俄耳甫斯的乐器，俄耳甫斯能弹善唱，他的歌声和琴声能使飞禽走兽为之动情。仰望星光缥缈的夜空，注视着那颗光彩夺目的“钻石”，你是否也能听到俄耳甫斯美妙的琴声呢?

在银河的东岸，我们可以看到牛郎正用扁担挑着两个孩子，与银河西岸的织女遥遥相望，牛郎星两边的两颗小星星，就是传说中牛郎织女的一双儿女——扁担星（如图3-12）。另外，牛郎星还有一个中文名称叫河鼓二。每年的七夕，是牛郎织女一年一度相会的日子，但从天文学的角度看，牛郎织女别说相会了，假设牛郎打一个电话给织女：“织女，你在那边还好吗？”织女回答：“挺好的，勿挂念。”牛郎收到织女的回音需要32年（他们之间相隔16光年）。

从织女星向东北望去，在银河当中有个十字形的星座，它像在银河里展翅翱翔的天鹅，这就是天鹅座，由于位于北天，也叫“北十字”。“北十字”头顶的亮星是天津四，它是一颗白色的1等亮星，其英文名为“Deneb”，在阿拉伯语中意为“鸟尾”，也就是天鹅座的尾巴。顺着天鹅座的尾巴往南可以看到一串亮星，这就是天鹅的躯干，在天鹅躯干两边距离差不多的地方各有一颗星星，它们是天鹅的两个翅膀，这样连起来，一只振翅高飞的天鹅就展现了。在中国的神话传说里，天鹅的翅膀是天河上的一座桥梁，即天津（“津”为桥梁、道路之意）。

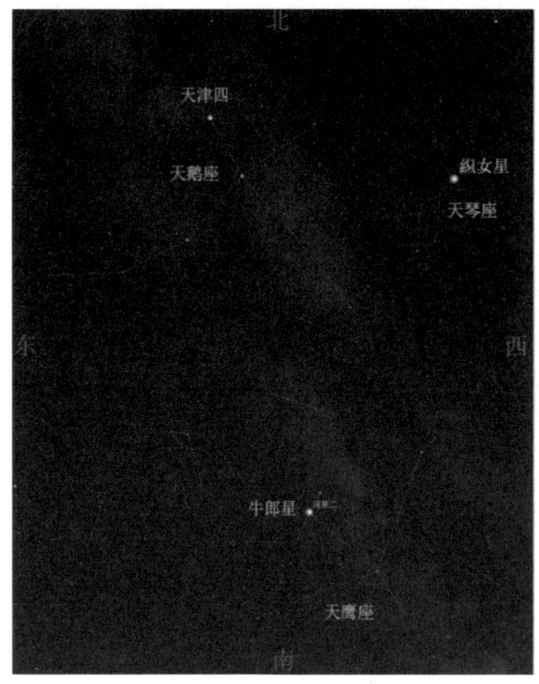

图3-12　天琴座、天鹰座、天鹅座示意图

7月到8月，由织女星沿着银河的方向向南找，我们可以清晰地看到夏夜星座之王天蝎座，它由十几颗亮星搭建成一个巨大的蝎子形状（如图3-13）。这只蝎子的中心部

位由三颗排成一排、稍显弧度的星星构成，这三颗星即中国著名的心宿三星，其中最明亮显眼的发出火红色光芒的亮星是蝎子的心脏心宿二（天蝎 α）。

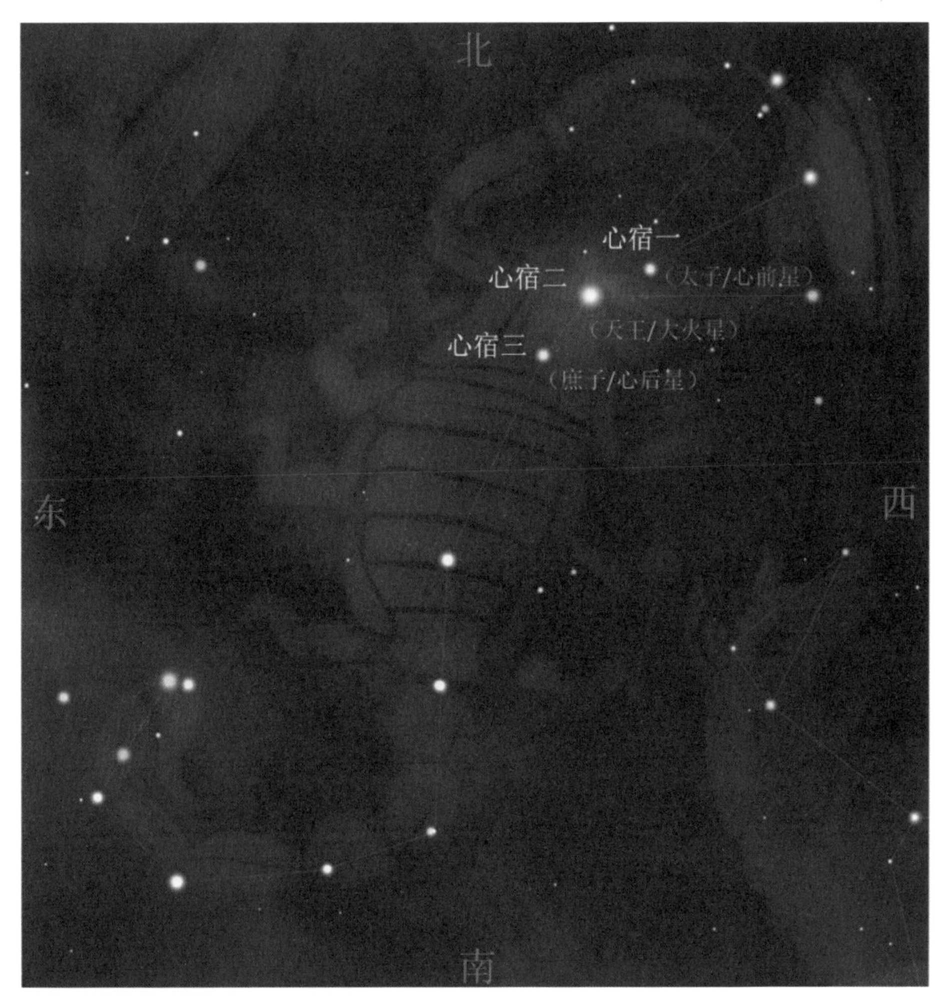

图 3-13 天蝎座示意图

《左传》中有一句话“心为大火”，“心”指的就是发出火红色光芒的心宿二，中国古代将其称为“大火”。另外，《诗经》中有一句话“七月流火，九月授衣”，其中的“七月流火”是形容七月的天气非常炎热，空气像流动的火焰一样吗？非也。实际上，“七月流火”的本意是指大火的移动轨迹（如图 3-14），以 2020 年 20:30 为例：大暑节气（公历 7 月 22 日，农历六月初二），

大火还处在较高的位置；到立秋节气（公历 8 月 7 日，农历六月十八），大火的位置开始往下沉；到处暑节气（公历 8 月 22 日，农历七月初四），大火的位置变低了，而暑气也开始消退；到白露节气（公历 9 月 7 日，农历七月二十），大火的位置更低了，清晨露水也开始凝结，人们能明显感受到凉意了。“七月流火”，指的就是大火（心宿二）渐渐向西方地平线沉下去的现象，这意味着天气开始转凉，提醒官员要为百姓着想，要开始备好御寒物资，到农历九月发给百姓御寒。

图 3-14　心宿二在不同节气的位置示意图

在天蝎座的东面，或由牛郎星沿银河南下，可以找到人马座（如图 3-15），它在古希腊神话中是一个半人半马的怪兽，以善于射箭著称。它的主要形状也可以看成是一个茶壶，由茶壶柄、茶壶盖、茶壶嘴、茶壶身组成。人马座东半部分中的 6 颗星星，组成一个勺子的形状，在中国古代被称为“南斗六星”，与大熊座的“北斗七星”遥遥相对。人马座部分的银河最为宽阔明亮，因为这里是银河系的中心方向。

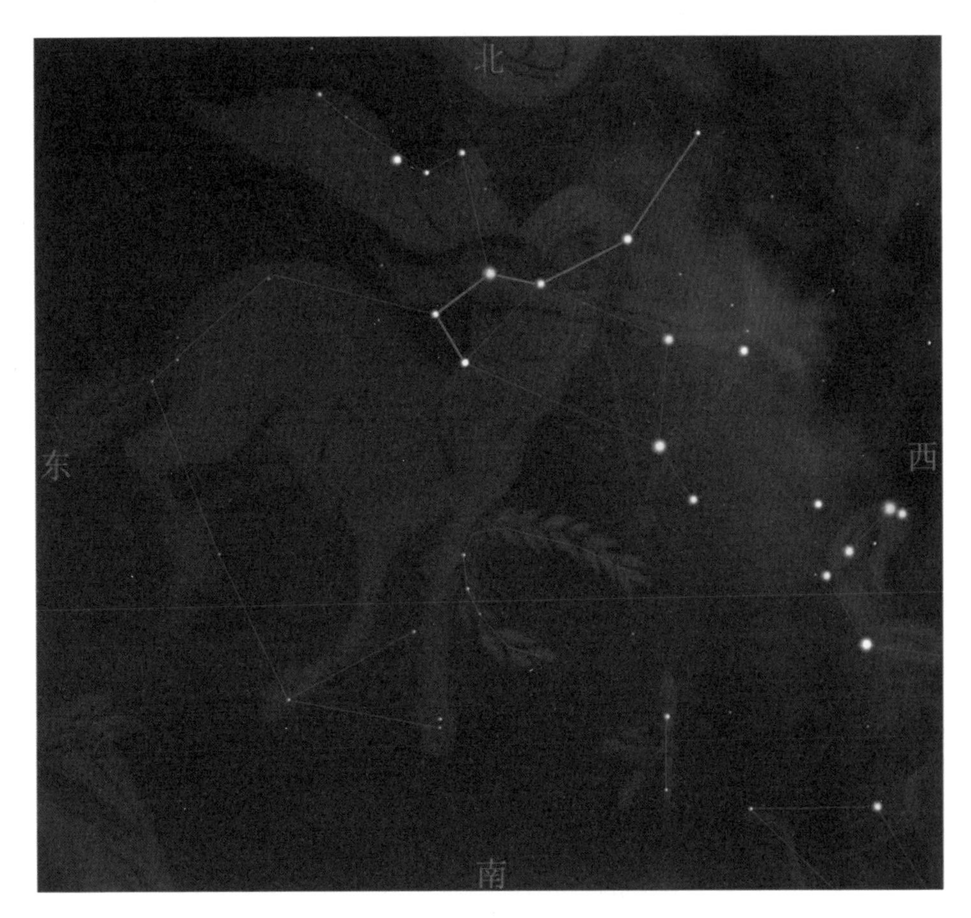

图 3-15　人马座及其南斗六星示意图

五、秋季星空：王族传说

七月流火以后，秋风渐起，我们进入了秋季。以 10 月下旬 21:30 左右为例，向西方的低空望去，“夏季大三角”仍清晰可见，而银河已倾斜，飞马正当空，这就是秋季星空的真实写照（如图 3-16）。往头顶上方望去，我们可以看到一个明显的四边形，这就是著名的“秋季四边形”（如图 3-17），由飞马座的室宿一、室宿二、壁宿一及仙女座的 α 星壁宿二组成。“秋季四边形”是一个天然的方向定位仪，它的每一条边正对着一个方向，找到这个四边形，基本上就可确定东南西北四个方向，如飞马的马背（室宿一、壁宿一连成的边）朝南，马腹（室宿二、壁宿二连成的边）朝北。

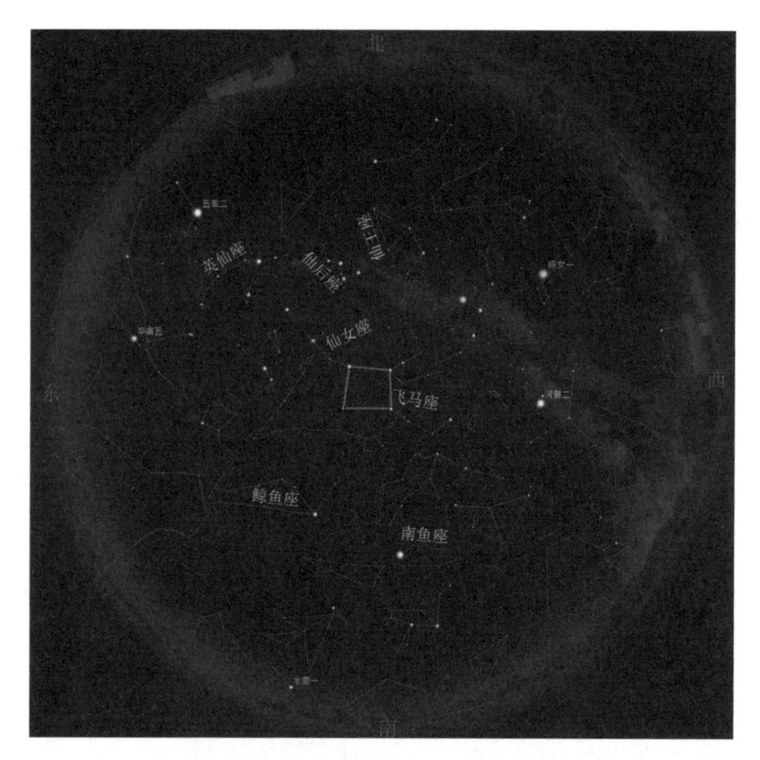

图 3-16　秋季星空主要星座示意图

图 3-17　“秋季四边形”示意图

以广州地区为例，秋季星空中可以看到的主要星座包括仙王座、仙后座、仙女座、英仙座、飞马座、南鱼座、鲸鱼座。由于广州纬度较低，在秋夜里，北斗七星已经沉入地平线以下，此时，我们可以通过呈“W”形的仙后座来寻找北极星。通过延长“W”最外的两条边，使它们交于一点，再将这点与“W”中间的一点连线（即图中所示的连线 a），将这条连线延长约 5 倍距离，即可找到北极星（如图 3-18）。

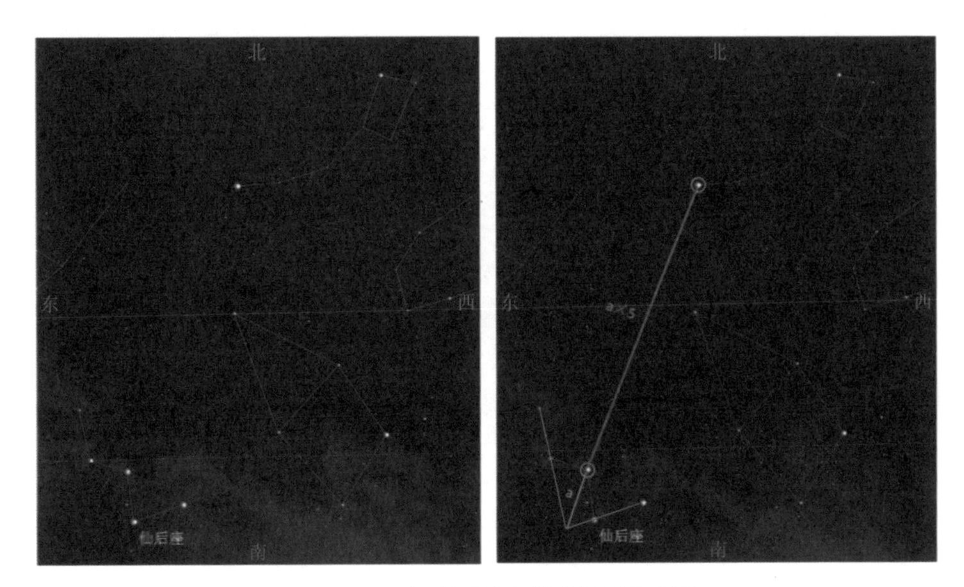

图 3-18　利用仙后座寻找北极星示意图

另外，我们通过将“秋季四边形”东侧的一边向北方延伸，经过仙后座，也可找到北极星；而沿着东侧这条边向南方天空延伸，则可以找到鲸鱼座的 α 星土司空。沿着“秋季四边形”西侧的边向南方天空延伸，可以在南方低空找到秋季星空著名的亮星——南鱼座的 α 星北落师门（如图 3-19），它在中国古代象征长安城的北门，其名字即北方军营大门之意，因秋季在南方的天空里只有北落师门一颗特别显眼的亮星，故它也有“孤独者”之称。

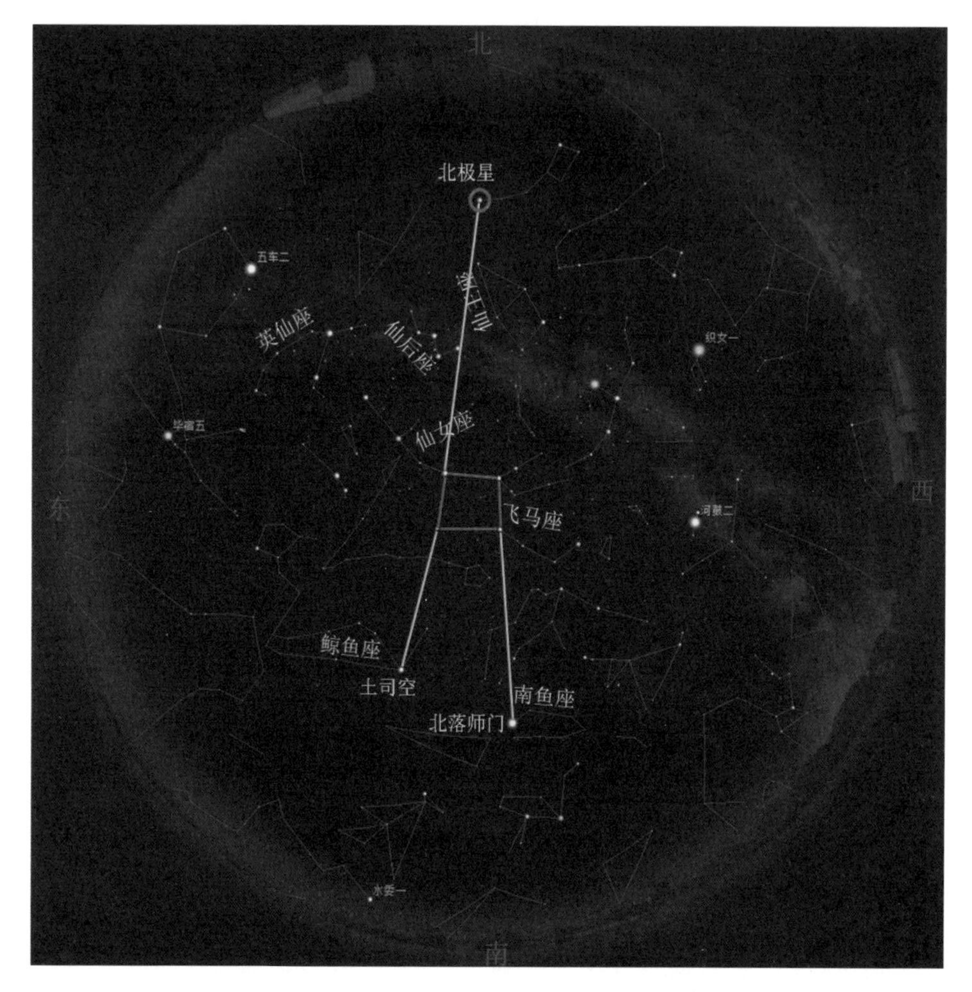

图 3-19　利用“秋季四边形”寻找主要星星示意图

让我们把目光投向北方的天空，这可是一个名副其实的王族星空。紧挨着飞马座的仙女座在古希腊神话中是一个美丽公主的形象，沿着仙女座往北方延伸是王后仙后座（呈“W”形），仙后座的西面是国王仙王座（呈铅笔头形状），东面则是驸马英仙座（呈“人”字形），这几个星座共同组成了秋季的王族星空（如图 3-20）。

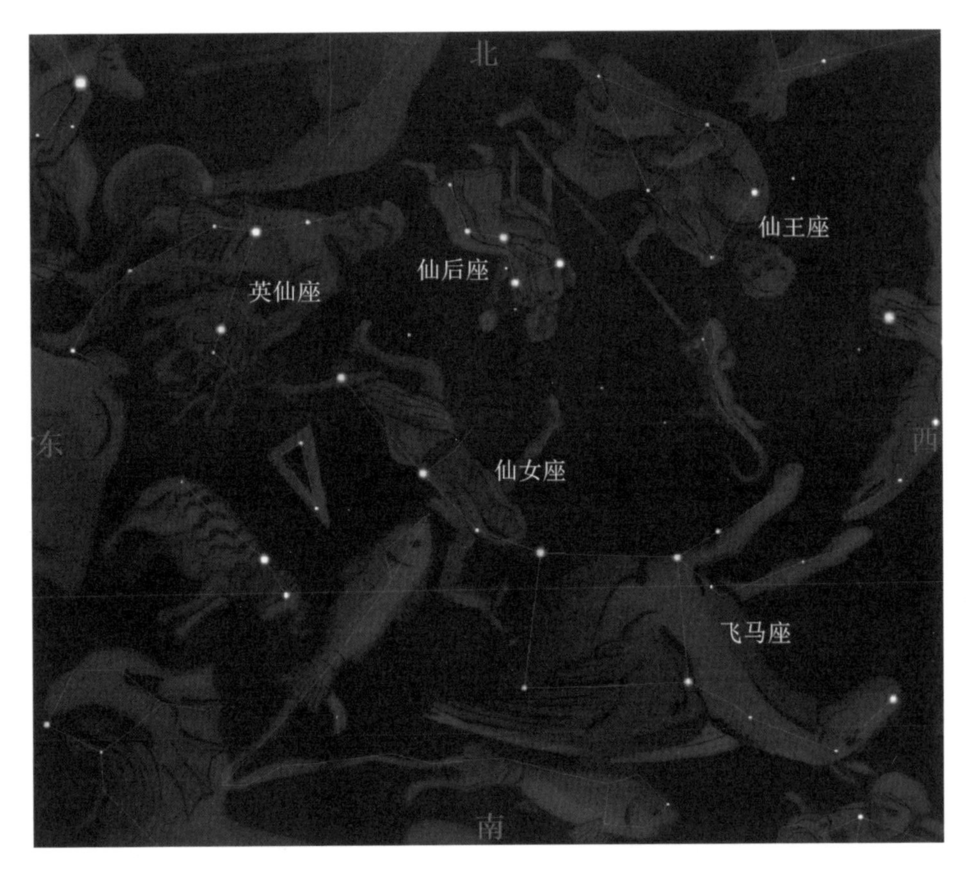

图 3-20　秋季王族星空示意图

英仙座的 β 星的中文名为大陵五。根据人们的观察，它忽明忽暗，每过 2 天 3 小时亮度就有明显的减弱，实际上它是由一明一暗两个恒星绕着一个共同的中心运行而形成的。当我们同时看到亮星和暗星时，其亮度最大；当我们看到亮星位于暗星前面时，其亮度会有微小的减弱；当亮星位于暗星背后时，其亮度会有明显的下降。天文学上将这类型的星称为食变星。

在仙女的腰带处，肉眼即能隐约看到一块青白色云雾状的光斑，这就是著名的仙女座大星系 M31（如图 3-21），它是北半球唯一能用肉眼看到的河外星系，是一个可与银河系相媲美的大星系。早在 1612 年，天文学家就发现了它，但由于观测技术落后，它一度被误认为只是银河系内的一个星云。直到 20 世纪 20 年代，美国天文学家哈勃才彻底搞清它是一个远在 200 多万光年外的大星系，也是距离我们最近的河外星系。

图 3-21　仙女座大星系 M31

六、冬季星空：明星璀璨

冬季的夜晚虽然寒冷，星空却极其壮丽，是四季中最为明亮的。即使在广州这样的大城市中，也可以轻易看到许多亮星，如除太阳外全天空最亮的恒星天狼星及小犬座、双子座、御夫座、金牛座的一些亮星，还能轻松地辨认出猎户座这个冬季星空之王（如图 3-22），所以用明星璀璨来形容冬季星空一点儿也不为过。

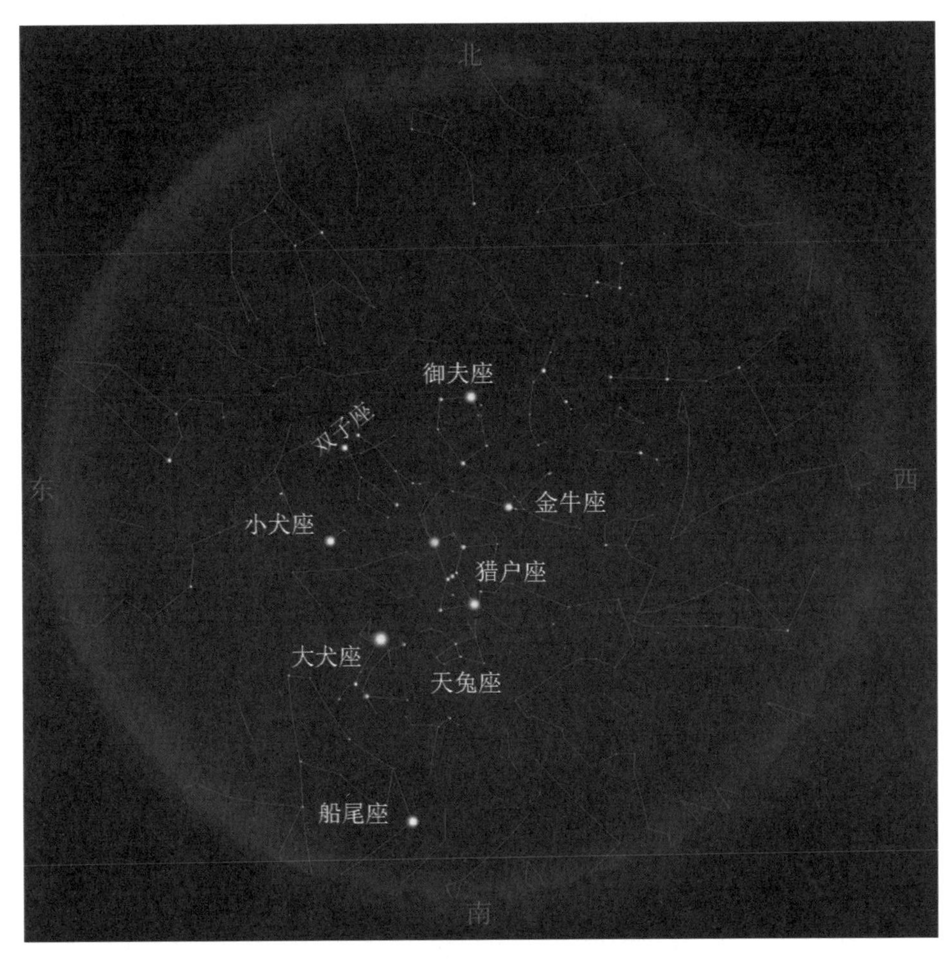

图 3-22　冬季星空主要星座示意图

从 12 月到次年 1 月，向南方天空看去，我们可以看到三颗排列整齐的亮星，中国民间谚语“三星高照，新年来到”中的“三星”就是指它们，即吉

祥的福禄寿星。新年期间，我们可以看到三星高挂在头顶上方的天空。在三星的周围，我们可以看到明显的四边形，这个四边形和三星组成了猎户座的主体（如图 3-23），在二十八宿里属参宿。三星就像系在猎人腰上的腰带，三星的南方有三颗小星，它们像挂在猎人腰上的剑。在猎人的佩剑处，肉眼隐约可见一个朦胧的亮斑，这就是著名的猎户座大星云 M42；在猎人腰带中左端，还有一个形似马头的暗星云，称为“马头星云”（如图 3-24）。

图 3-23　猎户座及其主要亮星示意图

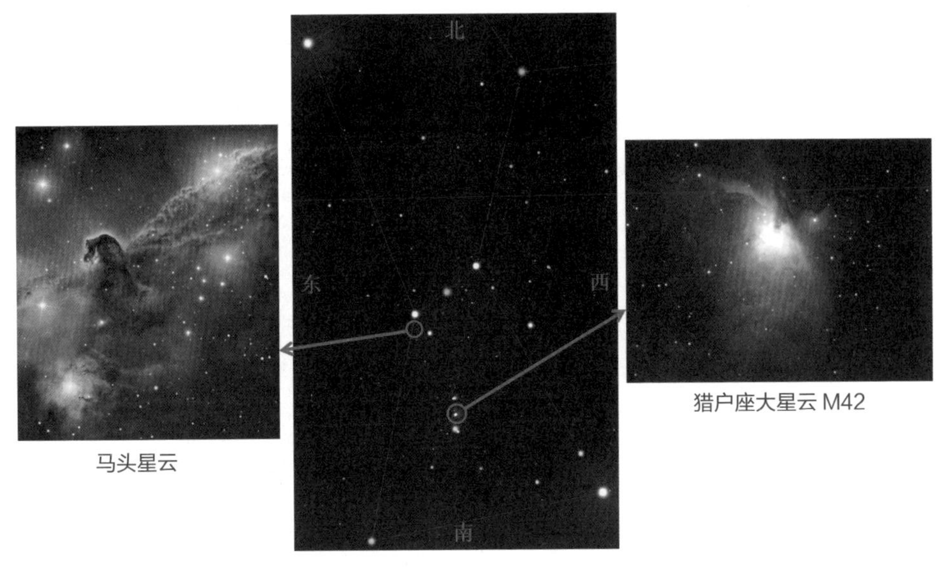

图 3-24 猎户座大星云 M42 及马头星云位置示意图

唐代诗人杜甫的《赠卫八处士》中有一句："人生不相见，动如参与商。"它意指人生聚少离多，难得相见，就像参与商一样。明代学者程登吉的《幼学琼林》中有一句："参商二星，其出没不相见。""参"为二十八星宿里的参宿，在西方星座中即猎户座；"商"指商宿，即西方星座中的天蝎座。猎户座在冬夜星空中出现，而天蝎座则在夏夜星空中出现，当猎户座从东方地平线升起来时，天蝎座已沉入西方地平线之下，当然难得相见。

【星座小故事】

五帝之一高辛氏有两个儿子，他们居住在一个叫旷林的地方。两兄弟水火不容，经常大动干戈。尧继承了高辛氏之位后，觉得这样不行，要把他们分开，停止他们的斗争。于是他让兄长到商丘之地（今河南商丘一带），对应的分野星是商宿；将弟弟派至大夏（今山西一带），对应的分野星是参宿。成语"形若参商"，即表示两人像结了仇似的永不想相见的意思，也可以引申为感叹难以相见的意思。

从猎户三星向东南方向延长，可以看到除太阳以外全天最亮的恒星——天狼星，它散发出青白色的光芒，是大犬座的 α 星，与其下边的几颗星星组成猎人最忠实的猎犬之一。从猎户三星向西北方向延伸可找到一颗红色亮星，它是金牛座的 α 星毕宿五（如图 3-25）。

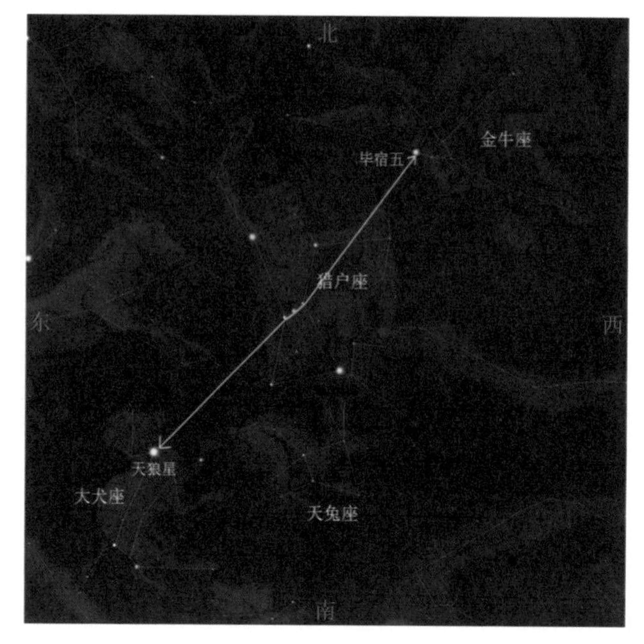

图 3-25　利用猎户三星找天狼星、毕宿五示意图

金牛座的肩膀上有一个著名的昴星团 M45（如图 3-26），视力一般的人可以看到其中的 6 颗亮星，眼力好的人可以看到 7 颗，因此我国民间又将其称为“七姐妹星团”，实际上它的成员有 280 多颗。金牛座靠南的牛角处还有一个著名的蟹状星云 M1（如图 3-26）。20 世纪，天文学家根据它不断扩张的现象，推测它为大约 1 000 年前发生的一次超新星爆发的产物，它正是我国史书上记载的 1054 年（宋仁宗至和元年）“天关客星”爆发的遗骸。

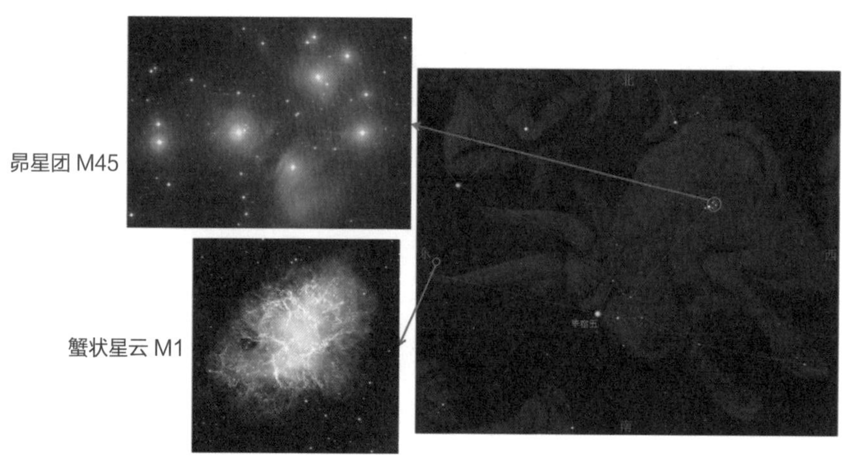

图 3-26　金牛座的昴星团 M45 及蟹状星云 M1 位置示意图

天狼星北方的不远处有一颗明亮的恒星——小犬 α（南河三），小犬座是神话中猎人的另一条猎犬；从南河三出发再继续往北可以看到两颗并排的亮星，那就是双子 β（北河三）和双子 α（北河二），双子座在古希腊神话中是相亲相爱的两兄弟；在双子座的西北方，我们可以看到一个呈五边形的星座，这就是御夫座，其中最明亮的是御夫 α（五车二）。

现在，我们依次将猎户座最南部最明亮的参宿七、天狼星、南河三、北河三、五车二以及金牛座的毕宿五连接起来，可以形成一个巨大的六边形，这就是著名的“冬季大钻石”（如图 3-27）。此外，猎人以及他两条忠诚猎犬的 α 星，即猎户座的参宿四、大犬座的天狼星、小犬座的南河三，组成了耀眼的“冬季大三角”（如图 3-28）。从天狼星往南出发，在南方的低空可看到除太阳外全天第二亮的恒星——船尾座的 α 星老人星。

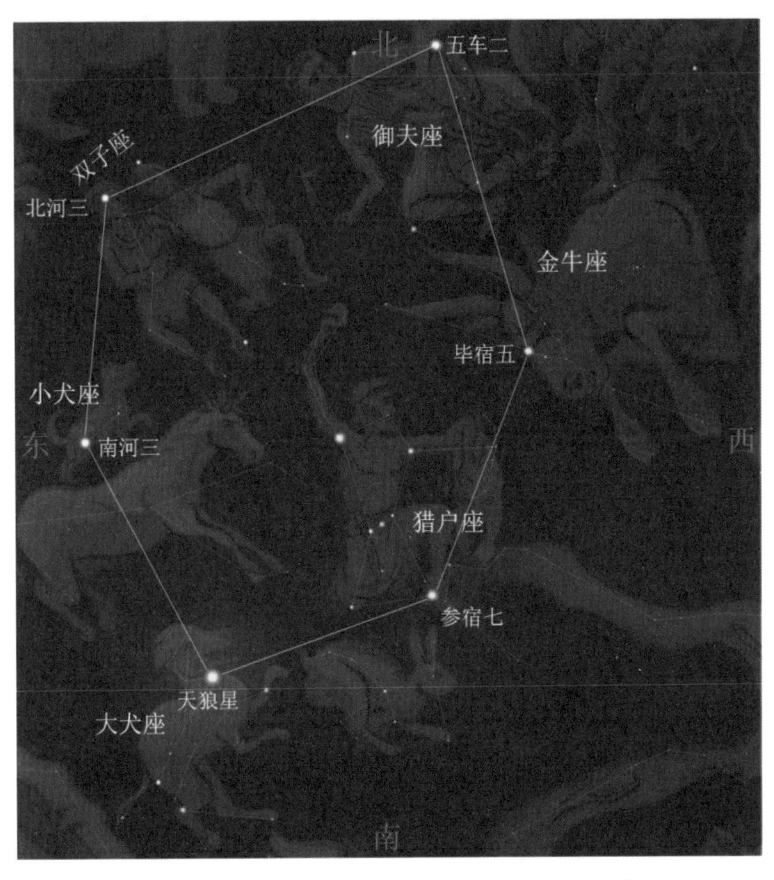

图 3-27 “冬季大钻石”示意图

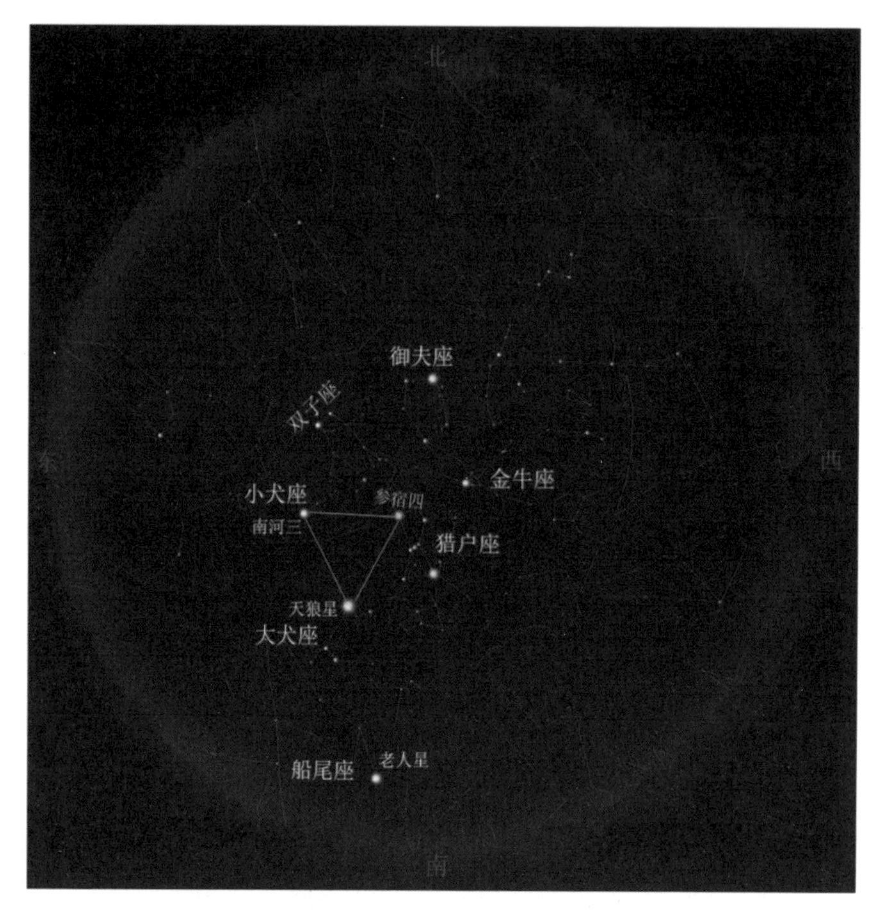

图 3-28 “冬季大三角”示意图

七、裸眼看星星的准备

仰望星空，将目光停留在点点繁星上，我们可以想象希腊诸神活跃的天堂，可以体会“盈盈一水间，脉脉不得语”的感伤和“人生不相见，动如参与商”的惆怅。在 1609 年之前，人类只能直接依靠肉眼来观测星空，星空回馈人类以知识、慰藉、快乐和无穷无尽的想象与创造。

天文观测可以寻找置身于宇宙的感觉，是一种接近大自然的方式，也是一种有趣的户外活动。用我们的双眼，就能直接探索宇宙。用肉眼观星的户外活动，除了要了解前文所述的关于星星的基本知识外，还要做以下准备：

1. 挑选一个无月无云的晴夜

月亮在观星者眼中是一大障碍，它反射太阳的光芒，显得太亮，影响了我们对其他星星的观测。我们可以根据月相和月亮的升落时间来找准观星时机，避免月光的干扰。农历月中时月亮较亮，月初与月末时月亮亮度较低。而晴朗、少云、没有雾霾的天空对观星是必不可少的。

2. 选一个尽量黑暗且开阔的地方

夜晚观星是一种追逐黑暗的活动，越暗的天空越有利于观星。在黑暗中，人眼的瞳孔会扩张，能观测到夜空更丰富的细节。刚出野外观星时看到的星星较少，这是因为眼睛适应黑暗需要 15 ~ 20 分钟。给眼睛一点时间，不看手机等光源，一会儿就能看到更多的星星。眼睛适应了黑暗以后，要尽量避免光刺激。选择开阔的场地（如运动场、楼顶、山顶、田野等），我们的视野范围更大，可以看到更多处于低空的星星。

3. 注意防寒防虫

夜晚气温会比白天低很多，尤其是冬季，头部和脚部保暖最重要。而夏季则需注意防止蚊虫叮咬。

此外，很多人一起进行夜间观星时，为了让大家都能享受仰望星空的乐趣，还要注意这些观星礼仪：①除非紧急情况，不要用照明设备；一定要照明时，用红色光源，如红光手电、红光头灯等。②所有光源尽量往下照，不要照向天空、人脸或观测拍照设备，最好有遮光措施；如果使用照明可能影响他人，需大声示警。③不要追逐打闹，切勿乱碰器材设备。

光学望远镜

一、双筒望远镜

双筒望远镜是天文爱好者的一个神器。双筒望远镜体积小，便于携带，容易入门，基本上是拿起来就会用，而且价格一般不会特别高，更重要的是它使用方便，容易寻找目标，可谓是夜晚居家观星之神器。

图 4–1　双筒望远镜上的参数

拿到双筒望远镜后，我们可能比较关心它的放大倍率，即从望远镜看目标，这个目标能放大到多大。但事实上，除了放大倍率（如图 4–1 中的“10”）外，其他参数也是很重要的，比如望远镜的视场，简单理解就是我们在望远镜里面能看到的范围有多大。一般来说，对于双筒望远镜的视场，我们以 1 000 米处望远镜能看到的范围为准（如图 4–1 中的“132m at 1 000m”）。视场越大，意味着我们在望远镜里能看到的范围越广。

另外一个比较重要的指标是望远镜的口径（如图 4–1 中的“500mm”），即双筒望远镜的物镜直径。从观测效果来说，口径越大，我们能看到越暗的星光，同时看到的目标越清晰。但是这也意味着你的双筒望远镜越大，而且越重，拿着也越累。当然，我们有时候也可以使用支架来代替我们手持望远镜

（如图 4-2）。

1. 双筒望远镜能看见什么

前面介绍了那么多，各位肯定比较好奇我们能用双筒望远镜看什么。

图 4-2 配上支架的双筒望远镜

不知道你们有没有在阳光下玩过放大镜（注意，不能直接用放大镜看太阳），我们的放大镜可以把太阳光收集起来。双筒望远镜也一样，它也能收集光，让你要观看的目标看起来更亮。

利用双筒望远镜，你能看到的星星更多，星光更璀璨，颜色更鲜艳。我们能看清楚月球上的环形山，当然也可以看到伽利略当年观测到的木星的卫星。在灯光影响比较小的地方，我们甚至可以看到美丽的星云以及距离我们220 万光年的仙女座大星系 M31。如果有幸遇上彗星飞近太阳，你也许还可以与它来一场美丽的邂逅。要知道，错过了与有些彗星的邂逅，之后也许再无相遇机会。2013 年发现的卡特琳娜彗星在 2015 年 11 月抵达近日点，然后慢慢远离太阳系，逐渐暗淡，直到永远消失在人类视野中。2018 年 12 月那个发着绿光的 46p 彗星已经在 2019 年解体了（如图 4-3）。

图 4-3 卡特琳娜彗星（左）与 46p 彗星（右）

当然，双筒望远镜不仅可以用来看星星，还可以用来眺望远方，观看远处的小鸟等。但是特别重要的一点是，我们绝对不能用它来直接观看太阳，否则这可能是你这一生看见的最后的景物。如果需要用双筒望远镜观察太阳，我们一定要在望远镜前加上专业的太阳滤镜，在遇上日食时你或许还可以享受一场太阳和月亮共同呈现的视觉盛宴。

2. 双筒望远镜的使用

以下简单介绍如何使用双筒望远镜。在讲解步骤之前，我们先讲一下注意事项：

（1）绝对不可以用望远镜直接观察太阳。

（2）手尽量不要触摸望远镜的镜片。

（3）使用完望远镜，要将望远镜的目镜盖和物镜盖盖好，避免落入灰尘。

（4）为安全起见，使用双筒望远镜观测时最好不要走动。

第一步：打开眼罩。戴眼镜的朋友可以不打开眼罩（将眼罩折叠起来）。

打开眼罩可以控制眼睛到望远镜镜面的距离，即出瞳距离。适当的出瞳距离能让你看到双筒望远镜内部完整的视野。此外，眼罩还能避免眼睫毛等接触镜面，导致镜面粘上油脂等。

第二步：调节镜筒间距。大部分双筒望远镜的两个镜筒之间是可以折叠（可以调节镜筒之间的距离）的。每个人的两只眼睛的瞳孔之间的距离多少有些不同，观测时需要先调节两个镜筒之间的距离，使其适合自己眼睛的瞳距，从而看到一个完整的图像而不是两个互相干扰的图像。

第三步：调焦。将你的双筒望远镜对准某一个目标，转动调焦轮，使自己在望远镜看到的目标清晰即可。

二、天文望远镜

一直以来，天文望远镜在很多人看来是一个很高端的东西。事实上，随着社会的发展，现在无论是大学还是中小学都越来越重视天文兴趣的培养。一般来说，高等院校和中学都会有一些天文设备，甚至有天文社团，大家学习使用天文望远镜的机会越来越多（如图 4-4）。除此之外，一些机构或者社区里面不时会有一些天文爱好者开展路边天文活动，让更多人接触天文观测，感受天文的魅力。

图 4-4　大学天文社团开展的路边天文活动

这里向大家介绍一些关于天文望远镜的知识，如果大家以后有机会接触天文望远镜，可以更好地进行体验。

1. 不同结构的主镜

如果身边有放大镜，我们可以先看一下你手上的放大镜（如图 4-5）。你在太阳底下用放大镜的时候可以看到它把太阳光聚集起来，这其实是放大镜上的凸透镜的作用。

图 4-5 放大镜

我们把这种作用称为聚光能力，最初的望远镜就是利用放大镜的这种聚光放大本领制作的。据说已知最早的望远镜是荷兰眼镜商用两块凸透镜所制作的，而后伽利略制作了第一架用于看星星的望远镜，我们称它为天文望远镜。伽利略拿着他的望远镜去看星星和月亮，甚至还看太阳（据说伽利略因为用望远镜观测太阳，把眼睛看坏了，导致后来失明）。伽利略在人类历史上第一次看到了木星的卫星、月球上的环形山、太阳黑子及太阳自转等。伽利略这种望远镜是由两个凸透镜构成的，利用的是光的折射原理，所以我们也称它为伽利略折射式望远镜（如图 4-6）。

图 4-6 伽利略和他的望远镜

后来，开普勒改造了伽利略的望远镜，把目镜上的凸透镜换成了凹透镜，我们称它为开普勒折射式望远镜。无论是伽利略折射式望远镜还是开普勒折射式望远镜，它们在观测时都会产生色差，这种色差非常影响人们的观测。直到一百多年后，人们才利用多块透镜制成消色差的望远镜，但是这种望远镜制作工艺复杂，造价也比较昂贵。

大约在 1670 年，牛顿根据光的反射原理，利用凹面镜和一个斜镜制造了第一台反射式望远镜（如图 4-7），完美解决了望远镜的色差问题，但是它并没有解决像差问题。不过，反射式望远镜有一个很大的优点，这就是造价便宜，而且口径容易做得很大，现代大部分大型的天文望远镜都是反射式的。

图 4-7　牛顿和他制作的反射式望远镜

除了折射式望远镜和反射式望远镜以外，人们还将面镜和透镜相结合使用，制作了可以消除色差以及一些像差的望远镜，因为它是利用光的反射和折射原理的，所以人们称它为折反射望远镜（如图 4-8）。

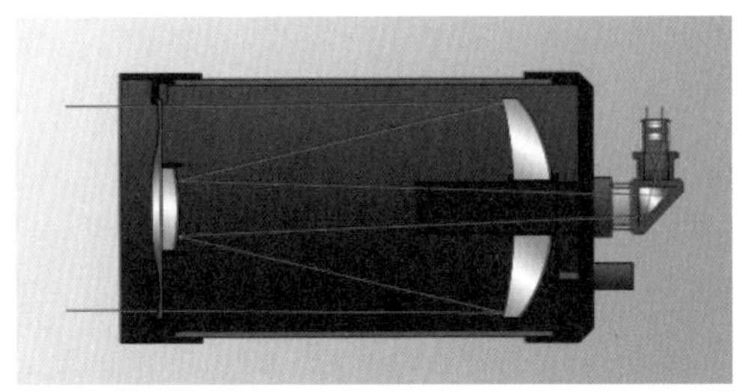

图 4-8 一种典型的折反射望远镜

大家比较关心望远镜的性能，望远镜最重要的 3 个性能指标是收集光的能力、分辨能力和放大倍率。

收集光的能力的强大与否主要与望远镜的口径有关。一个望远镜口径越大，它能收集的光就越多。而望远镜就是要把光收集起来，所以望远镜的口径才是“王道”。但在实际应用中，口径大，制造难度就大，镜片也不好磨制，而且如果需要携带，口径越大意味着越重，所以在实际应用中是不可能一味追求大口径的。还有一个指标是分辨能力，它也跟口径成正比。最后一个指标是放大倍率，我们可以用物镜焦距除以目镜焦距求得放大倍率，但有时候我们并不能一味追求放大倍率，因为如果分辨能力不够，即使放得再大也不能看清楚目标。

2. 望远镜的机械装置

前面我们只介绍了望远镜的镜筒部分，但是我们总要把望远镜安置好，因此我们需要一个架子固定它。日月星辰都是东升西落的，我们使用望远镜看星星的时候就要对目标进行追踪，简单来说，我们只需要让望远镜跟着星星转就好啦。但是怎么转呢？这就涉及望远镜的机械装置。

我们先来认识一下经纬仪，它也叫地平仪，主要由一个垂直轴和一个水平轴构成（如图 4-9）。为了更好地理解经纬仪的工作原理，我们先做一

图 4-9 一种经纬仪

组动作（身体不要动，只动脖子，抬头→头右转）。我们如果要追踪天空的某一个目标，只要上下左右转动头部就可以了，经纬仪的机械结构就是用来实现这样的操作的。它用水平轴实现上下转动，用垂直轴实现左右转动。

这种机械装置有一个非常大的优点，这就是造价便宜，而且对于大口径望远镜来说，它相比于下文提到的赤道仪更不容易变形。所以即使是现在，这种结构在望远镜中仍在使用。

还有一种是为了抵消地球自转带来的影响而设计的机械装置，我们称之为赤道仪（如图 4-10）。只要使赤道仪的赤经轴对准北天极，即与天轴平行，转动赤经轴就可以实现对观测目标的追踪（如图 4-11）。是不是比经纬仪的双轴转动显得更加简单了？不过相比于经纬仪，赤道仪造价比较昂贵。

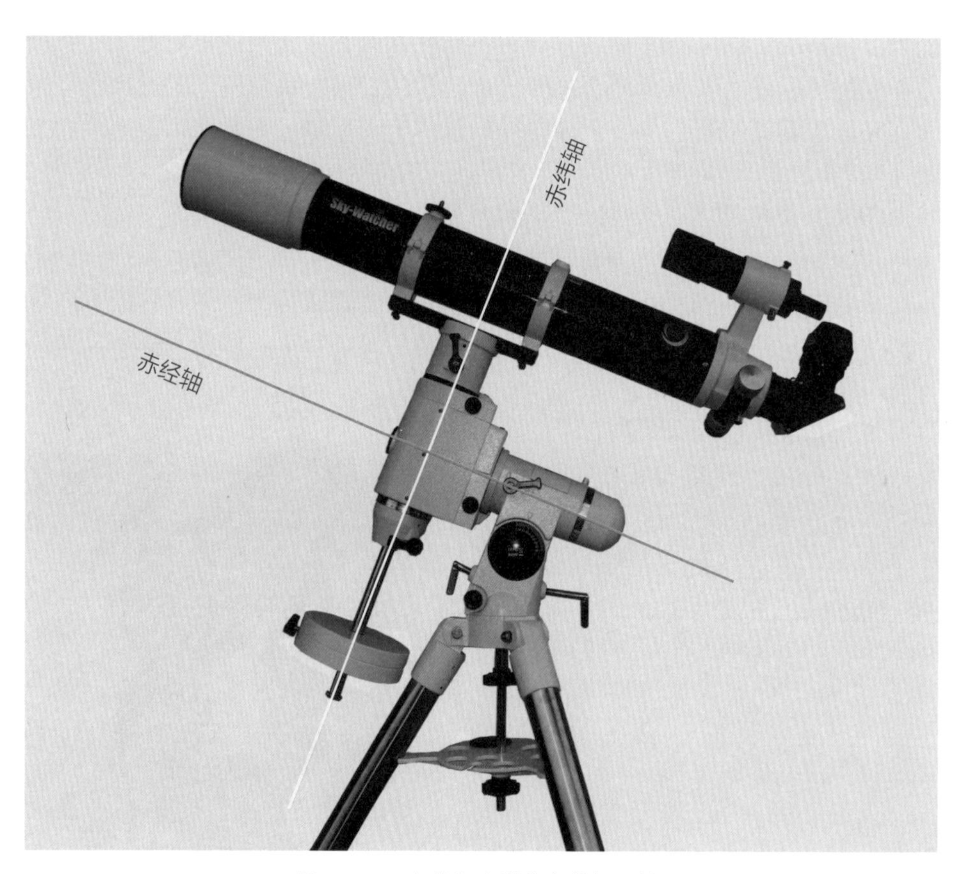

图 4-10　安装在赤道仪上的望远镜

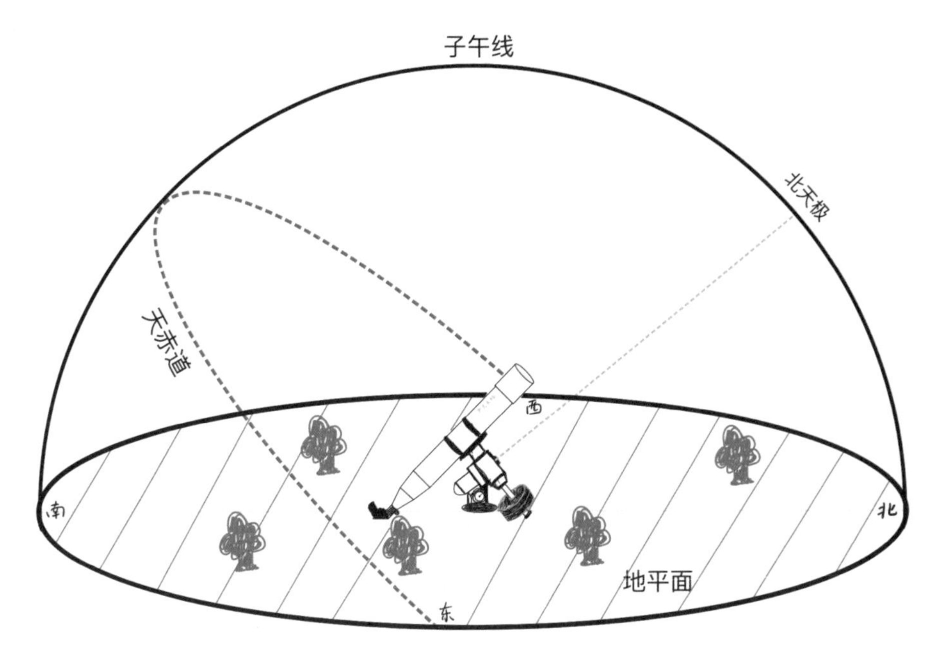

图 4-11　赤道仪追踪天体示意图

这里仅仅是介绍了天文望远镜的基本构造，事实上一个天文望远镜比这里说的会复杂很多，想要认识更多关于天文望远镜的知识，其实还需要大家真正去接触天文望远镜，不断深入学习。

Part 5

天文摄影入门

一、拍摄太阳

太阳是距离地球最近的恒星，人们对它并不陌生，但是又有多少人了解它？太阳照耀着大地，为地球提供宝贵的能量，孕育了地球的生命。随着科技的进步，科学家在不断努力探索我们这个熟悉而又陌生的太阳，同时也给我们带来了很多震撼的太阳照片（如图 5-1）。

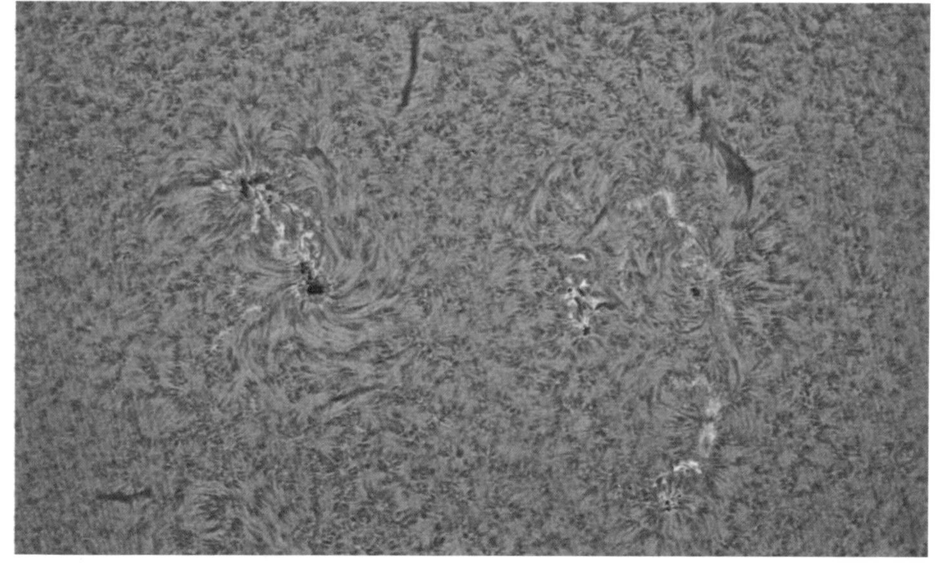

图 5-1　太阳黑子和太阳表面的精细结构

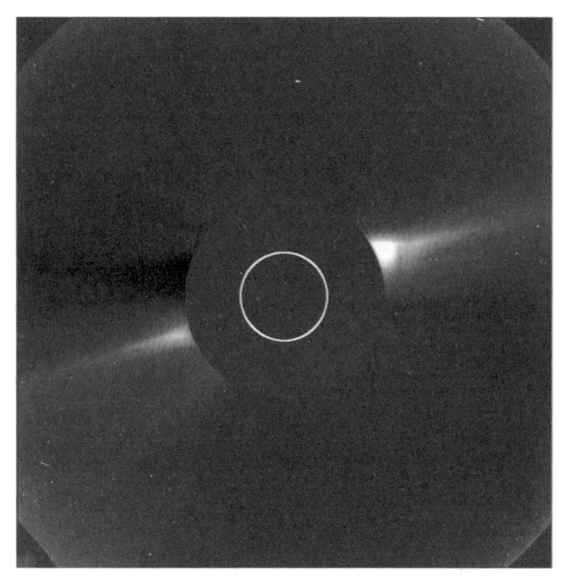

图 5-2　SOHO 太阳探测器拍摄的日冕结构

除了拍摄日面外，科学家还利用日冕仪对太阳的日冕层进行研究。日冕仪是专门研究太阳的日冕结构的仪器（如图 5-2）。

北京时间 2020 年 1 月 28 日，位于夏威夷的丹尼尔·伊努伊太阳望远镜（DKIST）发布了迄今为止分辨率最高（可以理解成最清晰）的太阳图像（如图 5-3）。通过对这些米粒组织的研究，科学家可以更好地预测太阳的结构以及它对地球的影响。

图 5-3　DKIST 拍摄的太阳表面的米粒组织

2020 年 2 月 10 日 10:30，欧洲航天局（ESA）和美国国家航空航天局（NASA）联合发射了“太阳轨道”探测器（Solar Obiter），用于近距离拍摄太阳，为科学家提供更加详细的数据（如图 5-4）。

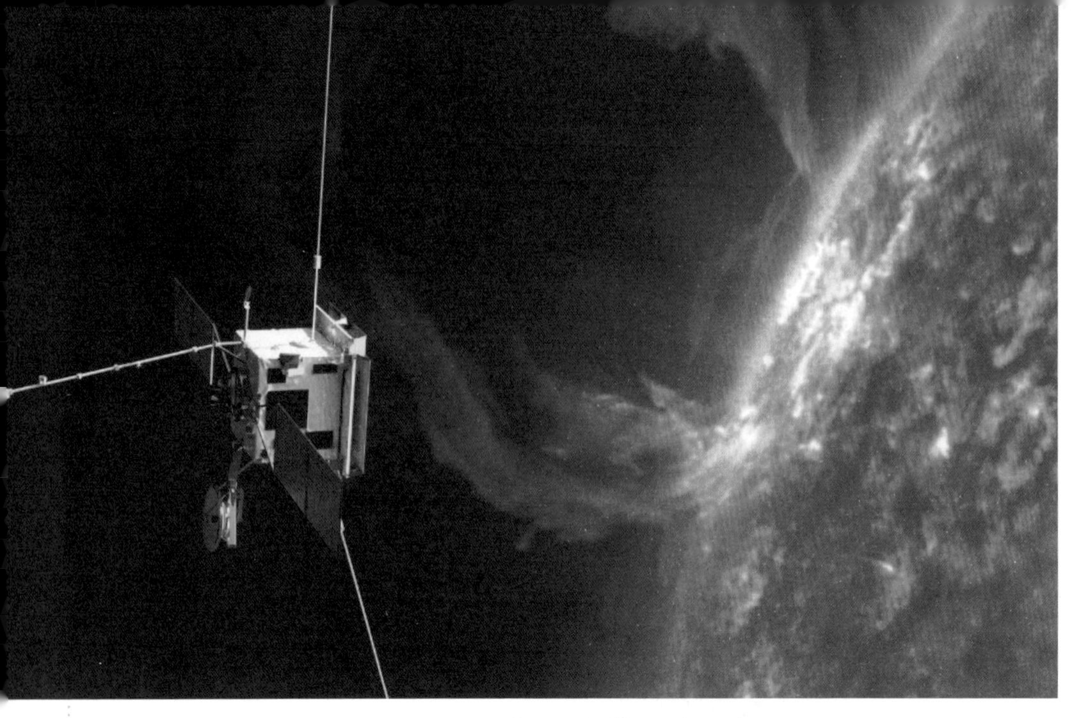

图 5-4 “太阳轨道”探测器设想图

作为普通天文爱好者的我们一样可以观测太阳，观察那颗为我们发光发热的恒星。不过和夜间天文观测不同的是，太阳观测需要一些特殊的设备和配件：

1. 天文望远镜 + 巴德膜

白天，当你用肉眼直接看太阳的时候，哪怕只是瞥一眼，你都会感觉到刺眼，这是因为太阳光太强了。所以，在没有保护措施的情况下，大家一定不要用肉眼直视太阳，更不能使用望远镜直接观察太阳。

利用望远镜观测太阳需要加装减光装置，不管是前置的还是后置的。其中最常用的是巴德膜，这是一种安装在望远镜物镜端的太阳观测膜（如图 5-5）。这样我们就可以安全地观察和拍摄太阳了。

图 5-5 巴德膜及其使用

通过巴德膜观察到的太阳像一个白色圆盘一般，盘中黑色的小点就是太阳黑子，把手机放置在目镜后可拍摄下来（如图 5-6），还可以用单反相机拍摄下来（如图 5-7）。

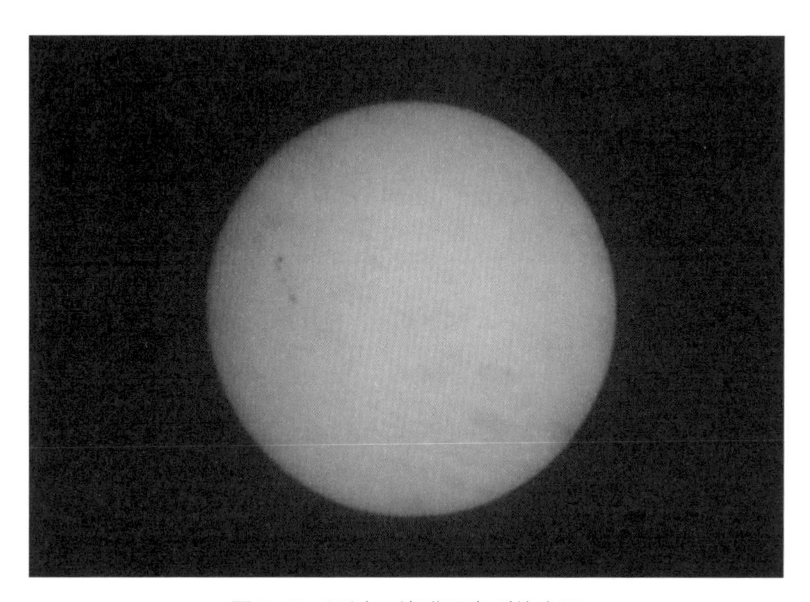

图 5-6 通过巴德膜观察到的太阳

图 5-7 望远镜接单反相机拍摄的太阳

2. 日珥镜

日珥镜是一种专门用于观测太阳的望远镜（如图 5-8），由于内部 Hα 滤镜的存在，它仅允许 Hα 波段的光透过，这意味着你只能看见一种色光（波长约为 656 纳米、肉眼看起来红色的光），这样你就能看到更加多的细节了。

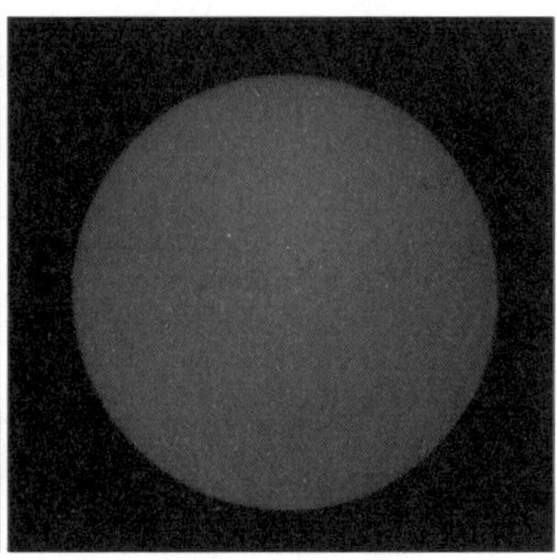

图 5-8 使用一款日珥镜（左图）加单反相机拍摄到的日面（右图）

如果想看见更多细节，则需要用天文相机（行星摄像头）拍摄视频后进行叠加处理，下面这张图便是使用天文相机通过日珥镜拍摄并处理得到的（如图 5-9）。

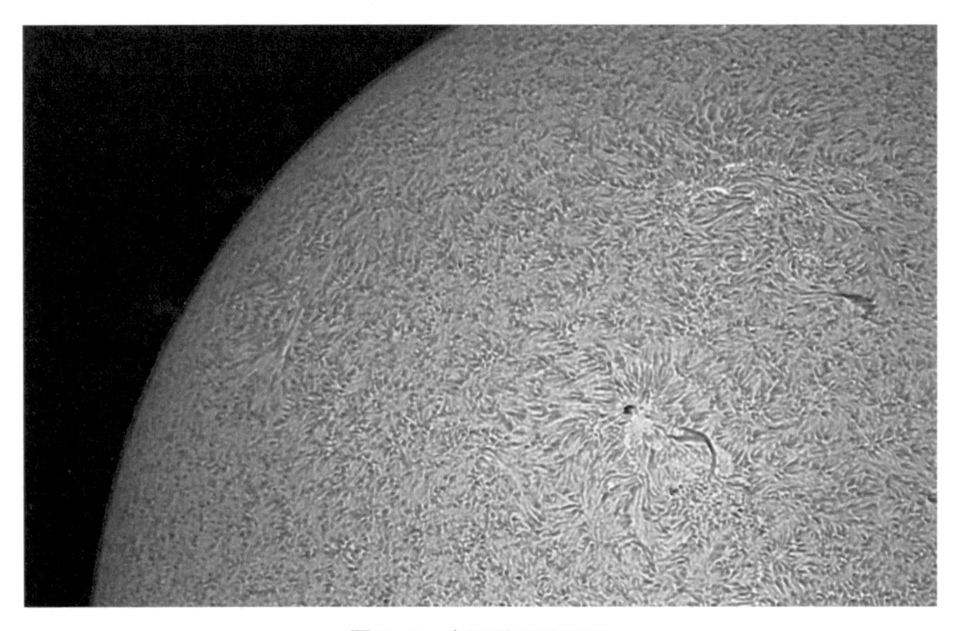

图 5-9 太阳黑子和日珥

对于一般的天文爱好者来说，太阳观测主要是观测太阳黑子、米粒组织或者日珥等。但是如果有幸遇上日食，那将会是另一番奇妙的景象。日食是天文和摄影爱好者不容错过的珍贵摄影题材（如图 5-10），后文将会详细介绍。

图 5-10　日全食时拍摄到的日冕

需要注意的是，对于一名缺少经验的观测者来说，即使拥有了这些器材，用望远镜观测太阳还是一件对眼睛十分危险的事情，这一点要特别注意。因为新手可能会忘记安装这些配件，或者使用未安装滤光片的寻星镜寻找太阳，在这些情况下，即使观测者只看了一眼，都可能对眼睛造成永久的损伤，甚至失明。另外，我们常用的减光装置——巴德膜放置久了容易被氧化，在使用中也容易被戳穿，这些对观测来说都是非常危险的。所以，我们在使用前一定要检查仪器设备的状态，操作设备观测太阳时要格外小心，确保万无一失。

二、拍摄月球

人类对月球的观测已经有很长的历史。1609 年，伽利略将望远镜指向天空，成为人类历史上第一个使用望远镜观测天体的人，他观测了许多天体，

其中就包括月球。伽利略在 1610 年看见月球的表面是崎岖不平的，然后他就亲手绘出了人类历史上第一张月面图（如图 5-11），为人类探索月球提供了宝贵的资料和经验。

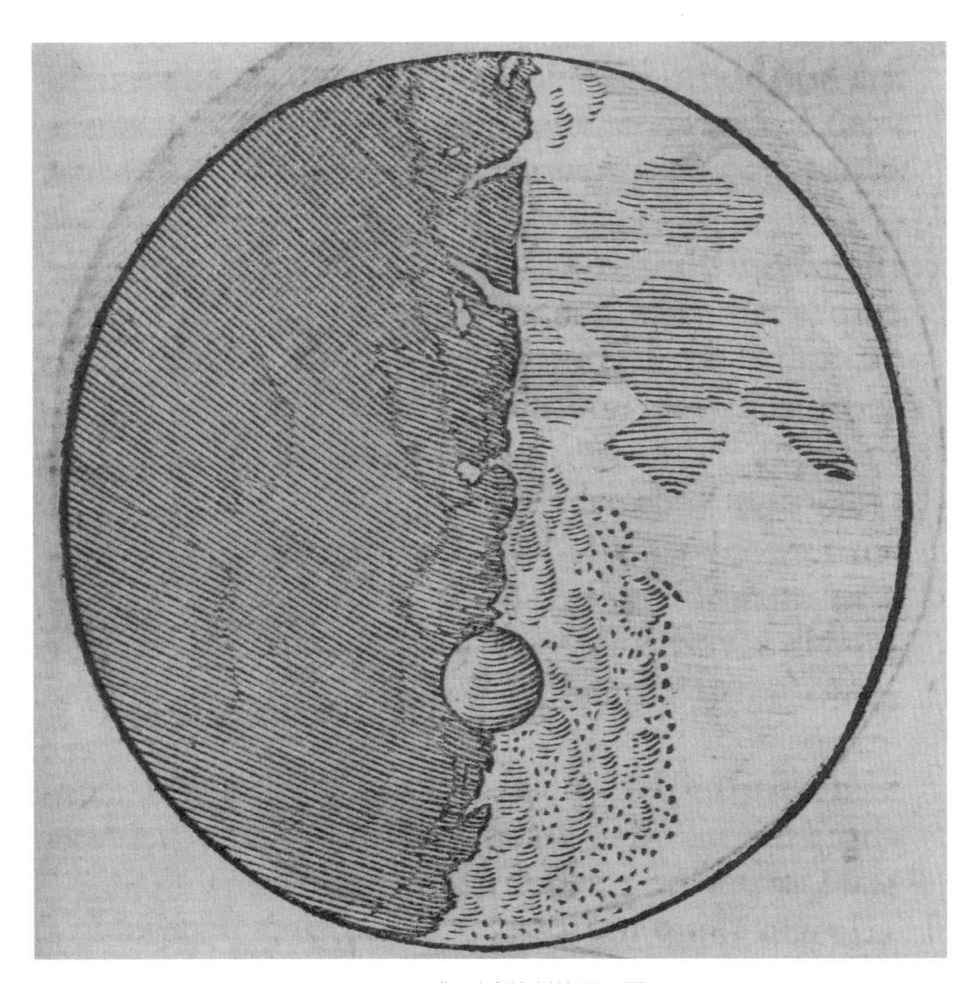

图 5-11　伽利略绘制的月面图

我们任何时候都能看见月亮吗？答案是否定的。在上弦月前后（也就是农历初八左右），我们能看见月亮在日落的时候出现在我们的头顶上（天顶）。望月时，月球正好在太阳和地球之间，这个时候月亮随日落而升、随日出而落。所以月亮并不是在每天晚上同一时刻都能看见的，我们要在适当的时间抬头看天才能看得见月亮并且给它拍照（如图 5-12）。

图 5-12　月球正面

那么，我们应该如何看月亮和拍摄月亮呢？看月亮的时候除了用眼睛直接看外，也可以使用常见的 7~10 倍放大倍率的双筒望远镜进行观察。不过双筒望远镜并不能让我们方便地拍摄月亮，一些比较便宜的单筒天文望远镜能满足我们。常见的天文望远镜一般是一些口径在 90 毫米左右、焦距在 900 毫米左右的折射式天文望远镜。利用这种折射式天文望远镜，配上焦距为 10~25 毫米的目镜，正确地操作天文望远镜，调节好焦距，我们就能在满月的时候在望远镜目镜中看见整个月亮。这时候，我们配合上手机支架就可以利用手机拍摄目镜里的月亮了（如图 5-13）。

但是，受限于手机的性能，用手机对着望远镜目镜拍摄的月亮是比较模糊的。如果想要拍摄比较清晰的月球表面照片，可借助单反相机。这个时候，我们就不是直接把单反相机的镜头对着目镜进行拍摄，而是把单反相机的镜头小心地拆卸下来，在装镜头的卡槽位置装上适合口径的转接环，然后把目镜小心地拿下来，把单反相机接在原来目镜的位置上，拧紧螺钉并且重新调好焦距，利用专业的单反相机进行拍摄。

图 5-13　使用手机在望远镜目镜后拍摄的月亮

这个时候，望远镜的镜头就相当于单反相机原来的镜头，拍摄就是利用了单反相机中的感光器成像。用单反相机拍摄月亮的时候，要注意单反相机的参数，比较重要的是曝光时间（快门速度）和 ISO（感光度）。因为月亮是反射太阳光的，而且离地球比较近，所以我们在地球上看见月亮的光是很亮的，满月时候月亮的视星等能达到 -12.6 等。因此我们在拍摄的时候不能取太长的曝光时间和太高的 ISO 值，如果这两个参数太高，拍出来的照片就会非常亮和白，不能看见月亮上的月海和环形山等细节。而且，月亮的视运动较快，如果我们的曝光时间太长，拍摄出来的月亮也会模糊。所以我们拍摄满月的时候一般 ISO 会用 200 左右甚至更加低的值配合上 1/125 秒左右的曝光时间，这时拍摄到的月亮就能比较好地显现月海、环形山等细节了（如图 5-14）。

图 5-14　单反相机接望远镜拍摄的月亮

不仅如此，如果手上有天文相机，你也可以将单反相机换成天文相机，接上计算机后利用 SharpCap 等专业软件进行更精细的拍摄，这样可以得到细节更加突出的月面图像。你如果能熟练使用 PS 等软件，就可以利用天文相机拍摄月球表面各个地方后拼接起来，更好地体现月球表面的细节（如图 5-15）。

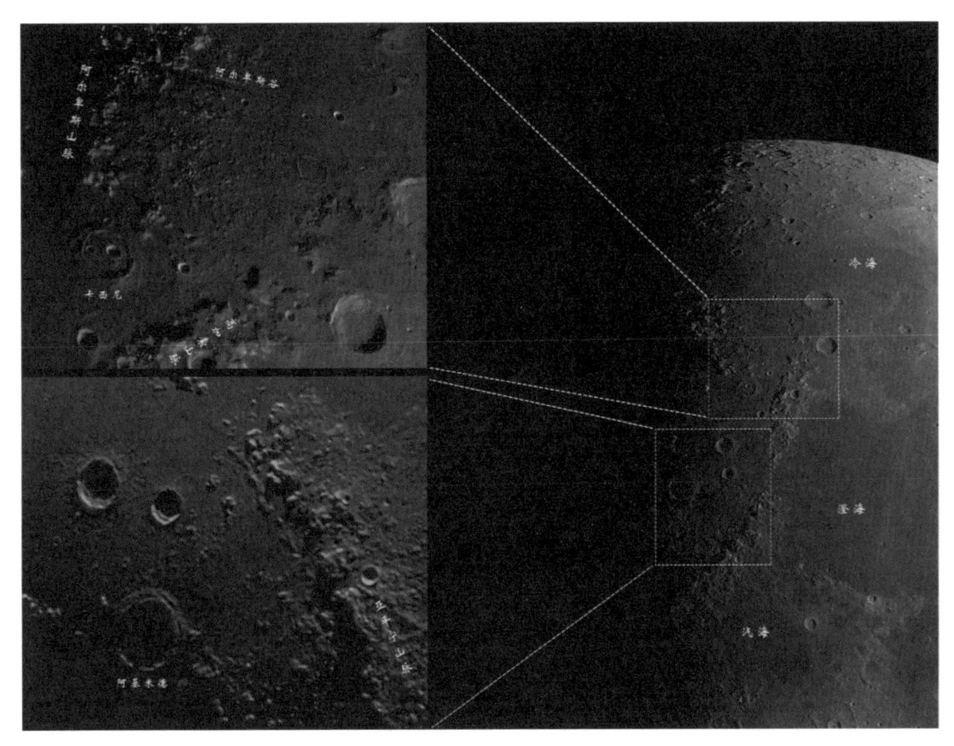

图 5-15　天文相机接望远镜拍到的月球（林鸿志 摄）

因为月球只有一个面对着我们（见本丛书的《月有圆缺》分册），所以我们无论怎么拍摄都只能拍摄到它对着我们的正面。那么我们怎么样才能拍摄到月球的背面呢？从 20 世纪开始，人类就一直想要拍摄月球背面的照片。直到 2011 年，NASA 才利用它的月球勘测轨道飞行器飞到月球背面，在两年内拍摄了上万张广角照片，进而拼接成了细节最好的月球背面照片（如图 5-16）。

中国发射升空的嫦娥四号在 2019 年 1 月成功登陆月球背面，这是人类第一次实现在月球背面的软着陆。嫦娥四号成功向地球发送了月球背面的近照，给中国带来了关于月球背面的宝贵资料。相信不久的将来，人类对月球背面

的认识将越来越清晰。

图 5-16　NASA 拍摄的月背照片

三、给星星留影

大家在户外游玩的时候，白天欣赏周边的美景，晚上会不禁抬头仰望那一片绚丽的星空。这时，你可能油然感叹："好多星星啊！"不过只是感叹一定满足不了你的心愿，你可能又不禁拿出一部智能手机或相机，想要记录这一片美丽的星空（如图 5-17）。那么，我们该如何把绚丽的星空拍摄下来呢？

图 5-17　仰望星空

天文摄影有多个种类，其中最常见且相对简单的是“星野摄影”，它主要拍摄广域星空、银河、月色、星轨和流星雨等，包含地景和人物的星野照片会更生动（如图5-18）。要拍摄出绚丽的星野，我们要正确选择并合理使用器材。下面将以单反相机和手机这两种器材为例，跟大家分享一下器材的选用和拍摄参数的设置经验。

图5-18　远望大彗星

尼康Z7 + Z85 1.8，ISO 1 600，f/1.8。

1. 使用单反相机拍摄一张星野照片

首先，我们来聊一聊相机拍到的星空和我们看到的星空有什么区别。当你在晚上仰望星空时，你会发现天上的星星数量很少，特别是在大城市中，由于光污染和雾霾等原因，我们基本上看不见星星。但是，当你使用相机拍摄星空时，你会发现天上其实是有很多星星的，只是我们肉眼看不见而已。为什么会有这种区别呢？这是因为相机能持续曝光一段时间，积累一定的感光量，使得暗弱的星光在照片中显得更亮，能被我们看见。但是人眼并没有这个功能，因而我们用肉眼只能看见6.5等以下的星星，在理想情况下，晴朗的晚上我们大约只能看见2 500颗星星。

单反相机用于控制积累星光的其中一个装置是快门。我们常说的快门速度其实就是相机的曝光时间，快门的作用可以这样理解：想象自己下雨的时候拿着一个杯子在外面收集雨水，每一秒只有少量的雨水被你收集到，但是随着时间的推移，10 秒、100 秒或更长时间，你的杯子就满了。所以我们可以使用一个三脚架，将单反相机固定起来，对着一个地方进行长时间的曝光（也就是将快门的曝光时间设置得比较长）。常见的星野摄影的曝光时间有 1.5 秒、2 秒、8 秒、15 秒甚至更长。相比之下，白天拍人像和景物时，快门的曝光时间一般是 1/100 秒、1/200 秒。

那么我们能不能让曝光时间尽可能长呢？答案是否定的。在前面的讲述中，我们了解到，天空中的星星不是静止不动的，它们每时每刻都围绕着北极星转动。所以当曝光时间过长时，同一颗星星显示在照片上的位置就会不一样，我们称之为“拖尾”。一般来说，如果我们要曝光一段时间且不让星点拖尾，曝光时间（秒）要小于 360 除以焦距（毫米）。例如：你用来拍星空的单反相机的等效焦距是 40 毫米，那么如果你不想让星星拖尾，你设置的单张曝光时间就要小于 360/40=9 秒。大家在拍摄星空之前可以动手算一算，以取得合适的曝光时间。所以，如果我们只靠三脚架来固定相机，可以选取的曝光时间是有限的，一些较暗的天体很难表现出来。但是，我们可以像使用天文望远镜一样，在三脚架上接一个赤道仪（已有专门的“星野赤道仪”），使相机跟着星星转动，使星星的像总在照片上的同一个位置。这样，我们就能避免因长时间曝光而出现“拖尾”的现象，可以设置更长的曝光时间以记录下更加丰富的星体信息，照片画面也会更加绚烂（如图 5-19）。

图 5-19　通过多张图片的后期叠加实现更长时间的曝光

尼康 D810A，焦距 145 毫米，f/3.5，ISO 3 200，天空部分用赤道仪跟踪，单张曝光 60 秒，20 张叠加。

2. 使用单反相机拍摄一张星轨照片

使用三脚架固定相机来长时间曝光，并非只能拍到点点星光的照片。当我们对着天空一动不动地继续延长曝光时间拍摄单张照片的，经历半个小时甚至更长时间后，你会拍摄到另一种风格的照片。因为时间很长，星星走过了一段路程，在照片中留下了长长的轨迹，它就是“星轨”，也就是星星运动的轨迹(如图 5-20)。拍摄星轨也是星野摄影的一种形式。

图 5-20 以北极星为圆心的同心圆星轨

3. 光圈与 ISO 的作用

除快门外，单反相机还有一个用于控制进光量的装置：光圈。如果说快门的作用相当于控制往盆子里注水的时间长短，那么光圈的作用就相当于水龙头。我们可以通过调节水龙头控制进水量。光圈有很多值：f/2.8、f/4、f/5.6 等。数值越大，光圈越小。例如：f/2.8 的光圈比 f/5.6 的光圈打开孔径要大。为了使照片上能显示更多细节，在进行星野拍摄时，我们一般都用数值最小的光圈，即进光量最大的光圈。

好了，说完两个控制进光量的结构和参数后，接下来我们来认识最后一个比较重要的参数：感光度（ ISO ）。ISO 的值有很多，不同单反相机的最大值

也不同，这取决于单反相机的感光元件的性能。高 ISO 能增强感光能力，使较暗的对象也能拍出合适的照片。但是，受到相机感光芯片成像原理的影响，当 ISO 过高时，照片中会出现很多随机的色点，我们称之为“噪点”，它使照片的质量降低。所以我们不能设置过高的 ISO 值，一般以 800~3 200 为宜，当然，如果你的相机性能很好，ISO 可以设置到 6 400 甚至更高。

总的来说，常用的单反相机或微单相机都可以用来进行星野摄影，使用单反相机拍摄星野时需要注意快门的曝光时间、光圈、ISO 三个参数的配合。其中长时间曝光需要赤道仪的配合，通过长时间曝光使暗淡的星光也能显现出来。光圈选择最小数值，也就是打开孔径最大的光圈。ISO 需要适当选择，否则成像质量会降低。设置好参数之后，将焦距调节到最远，我们就能拍摄出绚丽的星空了。

4. 使用手机拍摄星野

学习了如何使用单反相机拍摄星野后，我们基本上知道了星野摄影的一些基本原理，这些原理我们同样可以应用于手机摄影（如图 5-21）。

当我们想要使用手机拍摄星野时，我们同样需要一个三脚架用于固定手机。然后，我们可以使用手机的“专业模式”，设置适当的曝光时间和 ISO 值，有的手机还能设置大光圈，要注意由于手机的感光芯片不如单反相机的好，所以曝光时间一般需要更长，ISO 值不能太高。设置好参数后，将焦距拉到无限远就可以拍摄到比较不错的星空照片了。

图 5-21　使用手机拍摄的银河和星轨

当然，长时间曝光同样适用于手机摄影，如果要进行长时间曝光，还需要借助赤道仪的帮助。而想要得到更好看的照片，就需要在计算机上使用专业软件（如 PS、DSS 等）进行后期处理。

怎么样，学习了这么多关于星野摄影的干货后，你是否想实际操作一番呢？让我们行动起来，在一个晴朗的夜晚，选择一个光污染较小的地方，拿起手机或相机去“给星星留影”吧！

四、特殊天象观察记录

仰望天空，除了常见的恒星、行星等天体外，我们还有可能会碰到一些有趣的特殊天象，如日食、月食、流星、彗星、极光等。这些特殊天象是否需要一些特殊的观察技巧呢？让我们一起了解一下吧！

（一）日食

1. 什么是日食

当月球运行到太阳和地球之间时，月球有可能挡住了照射到地球的太阳光，地球上的人们便会看到日轮被月轮遮挡，这种天文现象称为日食（如图 5-22）。然而日食发生时并非所有地方都能看见，只有月球影子扫过的区域才有机会看到日食，因此对于具体某地方而言，能够看到日食的概率并不高。

图 5-22 日食发生时的日、月、地空间位置

根据遮挡程度的不同，日食主要分为日全食、日环食和日偏食三种(如图5-23)。太阳被完全遮挡的叫作日全食；太阳被遮挡后露出边上窄窄一圈而变成金环的是日环食；日轮与月轮没有完全重合，太阳仅仅被遮挡一部分的称为日偏食。

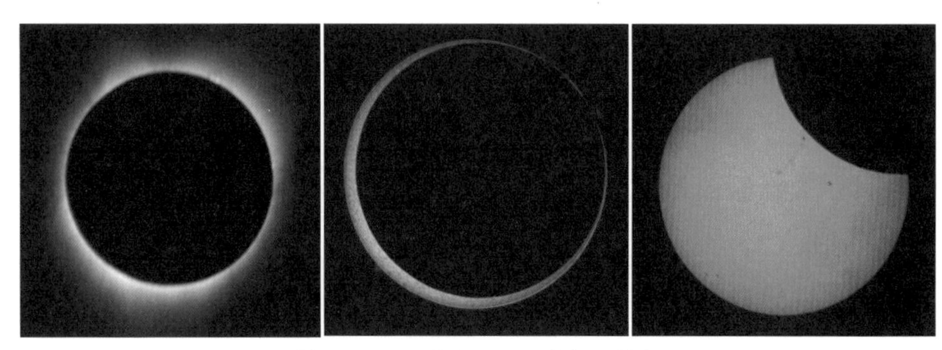

图 5-23　日全食、日环食与日偏食

日食是天空中的一场盛大的表演，不过眼睛直接观察太阳是件很危险的事情，我们一定要注意安全。想要把这些美妙的瞬间都记录下来，在信息化时代拍照是最合适的方式，但是还有很多有趣的方法值得我们去动手尝试。

2. 直接观察法

(1)购买使用专业的日食眼镜进行观察，采用间隔观察的方法(比如5~10分钟一次)，跟踪记录太阳被遮挡部分的面积是如何变化的。

(2)使用专业太阳望远镜或者给普通天文望远镜加装减光设备(如物镜端太阳滤光片或赫歇尔棱镜等，如图5-24和图5-25)。每隔一段时间把看到的太阳形状临摹到记录纸上，并标注好每一次的记录时间，坚持到日食结束就可以得到一个完整的日食过程记录。

图 5-24　安装在望远镜物镜前端的巴德膜

(3)摄影记录也是如此，一定要进行减光

图 5-25 盖上巴德膜的数码相机

处理，比如在单反镜头前盖上巴德膜。长焦摄影需要始终把相机镜头对准太阳（可以借助赤道仪），调整好参数后每隔一段时间（1~2 分钟）拍摄一张。广角摄影则需要保持好一个固定的角度，间隔时间进行拍摄（如图 5-26）。

图 5-26 利用广角摄影记录 La Silla 天文台上空的日全食过程

还可以利用图像处理软件把得到的一系列照片叠加成一张完整的日食过程图（如图 5-27），或者制作成微速视频。这样一来，持续数小时的日食全程便浓缩到图片或视频里面了，方便我们与其他人分享这个美妙的天象。一定要注意的是，除了在日全食食甚时可以取下镜头的减光设备，其他时间里要保证你的相机和你的眼睛得到减光设备的保护。

图 5-27　长焦拍摄并进行拼接处理后得到的日食过程图

3. 间接观察法

（1）小孔成像法。在硬纸或类似材料上戳出小孔，让太阳光透过小孔，观察从小孔投射到白色纸板或地面上的像。虽然投影出来的太阳图像效果一般，但是此方法自己调整修改的空间大，可以发挥我们的无限创意（如图5–28）。

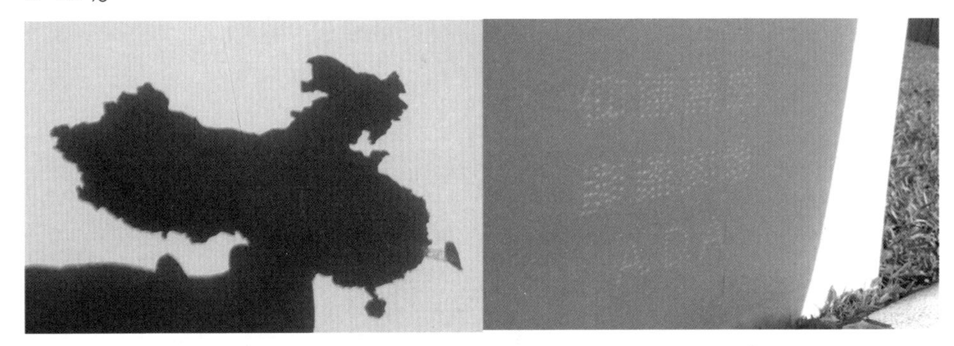

图 5–28　利用小孔成像得到的太阳投影图像

（2）放大投影法。利用双筒望远镜或天文望远镜，在目镜后放置纸板投影成像，观察纸板上的太阳图像并进行记录（如图 5–29）。

图 5–29　利用天文望远镜放大投影得到的太阳图像

4. 日食观察的注意事项

（1）太阳观测存在一定的危险性，必须使用合格的减光设备，严禁裸眼通过普通望远镜直接观察太阳，否则会造成视网膜损伤甚至导致永久性失明。

（2）普通太阳眼镜、深色玻璃、胶片、医用X线片、光碟等非正规减光设备，存在较高的视网膜损伤或致盲风险，不可用来观察太阳。

（3）减光设备和专业日食眼镜的使用要严格遵循使用要求。

（二）月食

1. 红月亮的来由

月食的成因与日食类似，当月球进入地球的影子里时，便会产生月食现象。照射月球的阳光完全被地球遮住时出现的是月全食，整个过程都只被遮住一部分时出现的是月偏食。

与日全食时太阳被遮挡后变成黑色不同，月全食发生时月亮会变成红色，这是由于地球大气层对太阳光中的蓝光散射较大，使得透过大气散射到月球的光线以红光为主，从而出现被地球大气层映亮的红月亮（如图5-30）。

图5-30　红月亮

2. 月食的观察记录

月亮的观察相对安全很多，一般采用直接观察的方法，但是满月的亮度不小，也不要长时间连续观察。

（1）目视记录。直接裸眼或借助天文望远镜进行观察，每隔一段时间把看到的月亮形状临摹到记录纸上，并标注好每一次的记录时间，坚持到月食结束就可以得到一个完整的月食过程记录。

（2）摄影记录。月食的摄影记录和拍摄日食类似，但不需要做减光保护。通过长焦摄影或广角摄影得到系列照片，经过后期处理即可得到记录全过程的照片或视频（如图5-31）。

图 5-31　欧洲南方天文台总部上空的月食过程

（三）流星

1. 流星是什么

流星划破黑夜的天空，一闪而过，却给人留下无限的遐想。那么流星究竟是什么呢？其实这是一种太空中的小星体闯入地球大气层时燃烧发光所产生的现象（如图 5-32）。

图 5-32　流星划过天文台上的夜空

每个季节都有流星出现，但是想要在一个晚上欣赏较多的流星，只能在特定的时间段内。比如北半球的三大流星雨：1 月的象限仪座流星雨，8 月的英仙座流星雨和 12 月的双子座流星雨。不过真实的流星雨并不是我们想象中倾盆大雨般的景象，受各种因素的影响，有时候可能每小时只能看到两三颗。

2. 流星雨的观察记录

（1）目视记录。天上的恒星数不清，但是流星可以数。只需要提前查询流星雨预报，结合天气预报确定观察日期，尽量选择一个平坦开阔且光污染较小的地方，平躺到预先准备好的防潮垫或躺椅上面，就可以静静等待将从四面八方划过夜空的流星。为了避免对观测造成影响，我们可以通过录音的方式进行记录，结束后整理录音所得到的结果，就可以上传到国际流星组织网站，为流星监测提供真实的数据。具体的要求和注意事项可以进入官网查看：

https://www.imo.net/observations/methods/visual-observation/

（2）摄影记录。拍摄流星也不难，主要采用广角摄影，固定好相机的镜头方向，设置正常的星空拍摄参数，便可通过自动连拍来捕捉流星划过的景象。后期可以把成百上千张照片中有拍到流星的挑选出来，叠加成一张图片，展示流星的轨迹和流星雨的辐射点（如图 5-33）。

图 5-33　欧洲航天局光学地面站上空的流星雨

（四）彗星

1. 彗星简介

彗星是一个绕太阳运动的“脏雪球”，其本体掺杂着尘埃和冻结的水、二氧化碳、甲烷等，称为彗核。彗星大部分时间离太阳很远，无法被观察到。当它靠近太阳时，冷冻物质会受热蒸发或升华，在彗核外面形成云雾状的包裹层，称为彗发。当彗星继续接近太阳时，彗发中的部分气体和尘埃会被太阳风和光压推向背向太阳的一侧，形成长长的彗尾（俗称的“扫帚星”因此而得名），只有在这个时候它才有可能被人们观察到（如图 5-34）。

图 5-34　1986 年回归的哈雷彗星

有些彗星时隔百年或千年才回归到近太阳的位置，而有些彗星则只会出现一次。最著名也是最早被发现的周期彗星是哈雷彗星，它最近一次回归是在 1986 年，下次要到 2061 年我们才能看见它。

2. 彗星的观察记录

（1）目视记录。虽然彗星不像流星那样一闪而过，但是大部分彗星比较暗，需要借助双筒望远镜或天文望远镜才能够看见。在彗星回归期间，可以每天进行观察，记录彗星本身的形态及其在天空中的位置变化情况。

（2）摄影记录。我们可以给彗星和星空拍合影，方法参考常规的星空摄影。但是对于亮度较暗的彗星则需要借助长焦镜头或天文望远镜来进行长时间曝光拍摄，最好用上赤道仪，以克服地球自转对长时间曝光的影响（如图 5-35）。

图 5-35　2020 年 7 月出现的 NEOWISE 彗星

（五）极光

1. 极光与奥罗拉女神

在地球靠近两极的高纬度地区，夜空中有时候会出现不同颜色的绚丽舞动光带，这就是极光（如图 5-36）。极光的英文 Aurora 源于奥罗拉女神，因为在罗马神话中，奥罗拉女神掌管曙光，控制着极光。

图 5-36　阿拉斯加的极光

实际上，极光是太阳发出的高速带电粒子被地球磁场吸引到南北两极，使得高层大气中的原子电离而产生的光芒。

2. 极光的观察记录

极光通常出现在靠近地球南北两极的地区，比如冰岛、加拿大、新西兰等地。如果未来有机会进行太空旅行，我们在太空中也可以观察到美丽的极光，那想必别有一番风味(如图 5-37)。

图 5-37 在太空中欣赏极光

(1)目视记录。选择一个晴朗无月的夜晚，到户外无光污染的地方，面朝极点的方向，静待极光降临，尽情享受大自然赐予的视觉盛宴吧！有专门的网站对极光出现的日期和强度作预报。

(2)摄影记录。一般采用常规摄影或广角摄影，就算是普通手机也可以轻松记录下极光的美丽景象。为了提高拍摄成功率，可以利用三脚架固定好相机，调整至适合的参数后采用自动连拍的方法拍摄。

Part 6

观星 APP 和观星软件

随着智能手机的普及和计算机的广泛使用，越来越多的星空探索类 APP 和软件被研发出来，为我们探索浩瀚星空提供了极大的便利，更好地满足了我们探索宇宙奥秘的好奇心，让我们可以随时随地观星、探月，可以更为方便地分享星空探索的乐趣。

以下介绍几款入门级的观星 APP 和观星软件，这些 APP 和软件可以帮助我们方便地追寻成千上万的恒星、行星、彗星等，展开难忘的星空之旅。即使在光污染严重的城市，或是阴天与多云的夜晚，我们也可以通过 APP 和软件“看到”星星，了解星星和星座的实时分布情况。

一、Star Walk 2

Star Walk 2（安卓手机版本为“星空漫步 2”）使用手机内的传感器与全球定位系统来确定夜空中恒星、行星、星座、彗星、国际空间站、卫星、星团、星云以及流星雨的准确位置。启动 Star Walk 2 后，手机向着某一方向的星空，手机屏幕就可以显示出这一方向的星星和星座，并标出星星和星座的名称。这款 APP 显示画面美观，地景是梦幻的水面倒影，星座模型和天体三维模型制作精美，兼具实用性和观赏性。

1. 用 Star Walk 2 找行星

2020 年 11 月 12 日晚上，我们看到西南方向的天空上有两颗星比较亮，打开 Star Walk 2，将手机向着两颗星所在的天空，屏幕上显示这两颗星是木星和土星（如图 6-1）。周边还有一些暗很多的星也显示出来了，木星左边的星是冥王星。

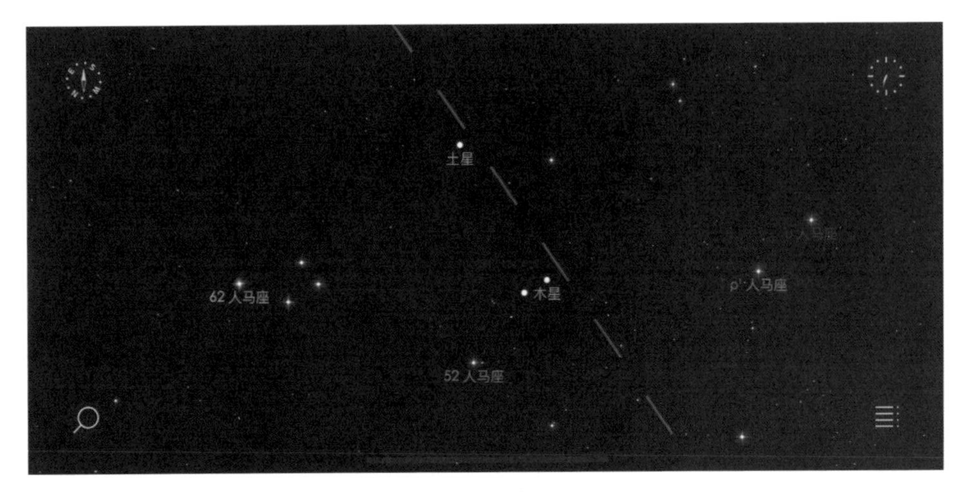

图 6-1　木星和土星

我们看到天顶上有一颗略带红色的亮星，将手机正对这颗亮星，看到屏幕上提示这是火星（如图 6-2）。同时屏幕上还显示出白羊座及其相应的星。

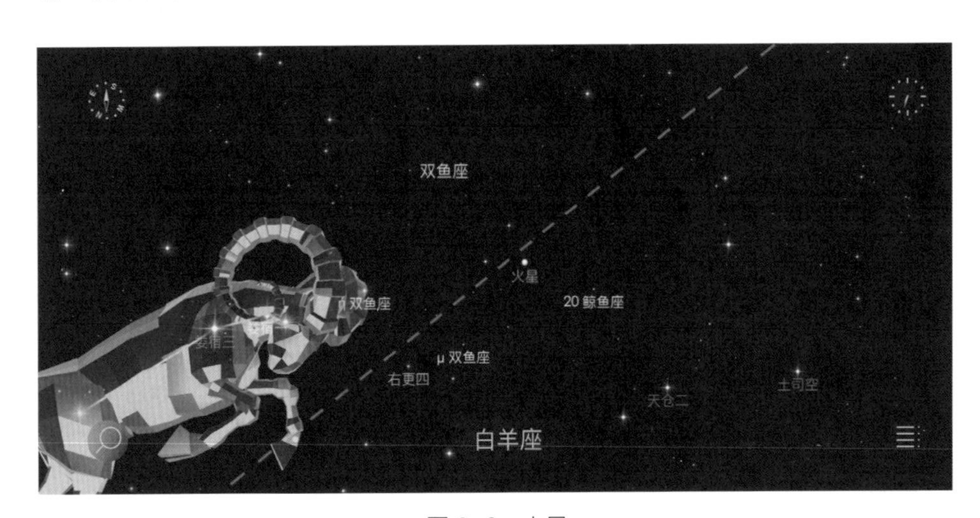

图 6-2　火星

太阳系的八大行星，相对位置经常变化，没法通过某个星座进行定位。有了 Star Walk 2，我们就可以实时地在天空找到太阳系的行星。

2. 黄道

地球绕着太阳运动，同时每天自转一周。从地球上看，太阳每天从东边升起，在西边落下，Star Walk 2 画面中的黄色虚线就是太阳在天空中走过的轨迹，称为黄道。

3. 黄道十二星座

沿着黄道，可以逐一找到黄道十二星座，在图 6-2 中可以见到白羊座，手机沿着黄道向西转动，可以依次见到双鱼座、宝瓶座、摩羯座等。同一天的不同时间能看到的星座是不同的，不同日期能看到的星座也是不同的。

4. 在黄道附近找行星

太阳系的八大行星围绕太阳运行的轨道几乎都在一个平面上，因此，从地球上看到的行星都在黄道附近，如图6-1 中的木星和土星、图6-2 中的火星等。

5. 白天使用 Star Walk 2

按照占星术的说法，10 月 24 日—11 月 22 日出生的人属于天蝎座。从观星的角度看，这段时间太阳位于天蝎座位置，这时白天向天蝎座方向看过去，太阳的光芒将天蝎座掩盖了，天蝎座根本看不到。

如果遇上多云或阴天，天上光亮度比较均匀，使用 Star Walk 2 是可以确定太阳和天蝎座的位置的，按下屏幕右上角的相机按钮即可以记录下来。

2020 年 11 月 14 日中午，我们在广州利用该功能拍下了白天的天蝎座照片（如图 6-3）。从照片可见，太阳（金黄色）、月亮（黑色）和天蝎座在一起，它们都在黄道上。

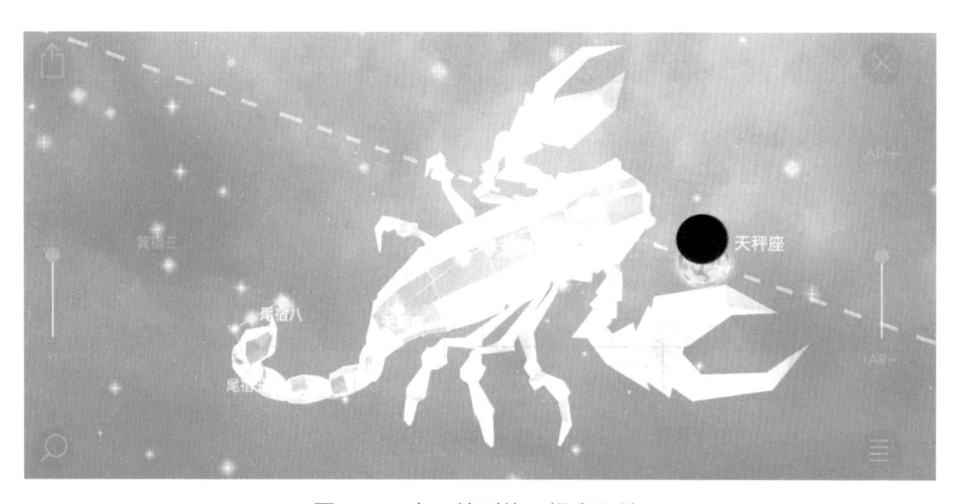

图 6-3　白天拍到的天蝎座照片

6. 秋冬季寻找北斗七星

秋冬季在纬度比较低的广州一般看不到北斗七星，因为入夜后北斗七星落在了地平线以下。使用 Star Walk 2，借助其中的 VR 技术，白天也可以拍到北斗七星的方位（如图 6-4）。照片拍摄于 2020 年 11 月 14 日 17:00，拍摄地在广州。这时天很亮，北斗七星所在的大熊座已经开始落入地平线下，天黑以后就看不到了。

Star Walk 2 中大熊座的画法与其他 App 不一样，熊的头在北斗七星斗柄处，其他 APP 的北斗七星斗柄是熊尾。

图 6-4 下午拍摄的北斗七星

Star Walk 2 还有很多功能，我们可以点击右下角的菜单按钮，发现更多功能。

二、其他 APP 和软件简介

1. 星图（Star Chart）

与 Star Walk 2 类似，这款星空软件可以根据你所在的位置，将数据库中的星星数据在手机中进行模拟，这样你在任何地方都能看见现在你头顶的星星了。它还有 AR 模式，打开这个模式之后，你手机指向的星星就会在手机屏幕上显示，这样你就能知道天上有什么星星和星座了（如图 6-5）。

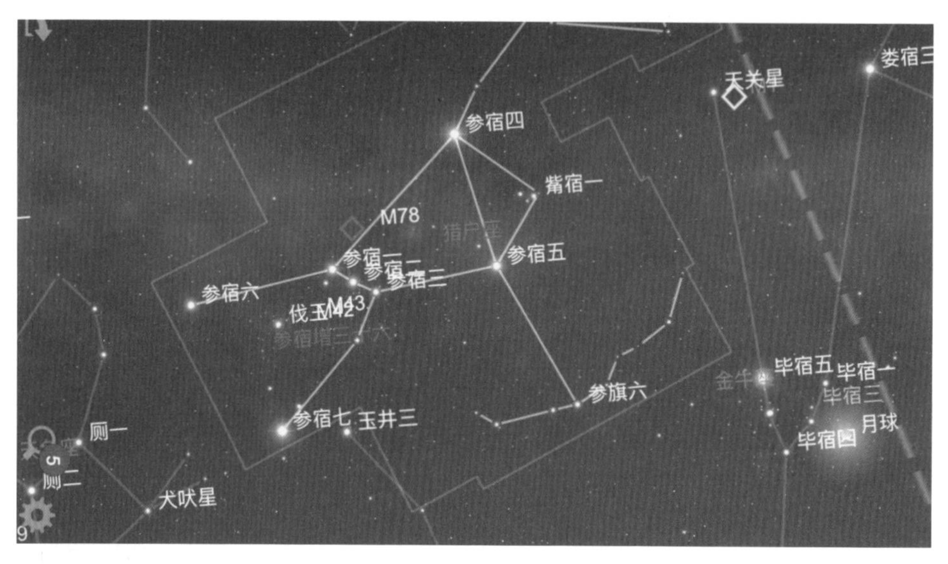

图 6-5　星图软件截图

2. Stallerium（虚拟天文馆）

这是在计算机中运行的星空模拟软件，它可以根据时间和观测者所处的地点计算天空中太阳等恒星、月球、行星的位置，并将其显示出来，还能通过调节时间来看回之前的一些天象和预知未来有什么天象。这款软件还具有光污染的大气模拟功能，可以让我们看到在不同光污染条件下当地所能看到的星空是什么样子的。不仅如此，通过它还可以实现计算机对赤道仪的控制，寻找目标天体。因此，它是天文爱好者喜爱的星空观测的辅助工具（如图 6-6 和图 6-7）。

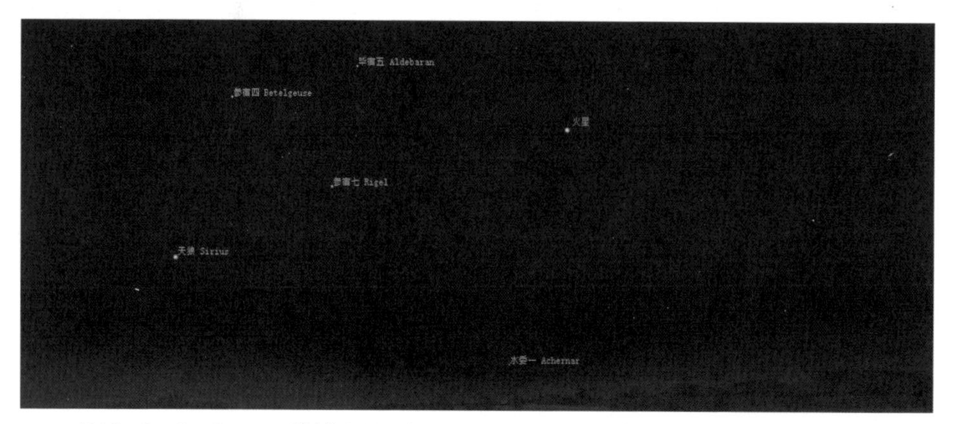

图 6-6　Stallerium 模拟 2020 年 11 月 17 日 0:24 光污染下的广州南方天空

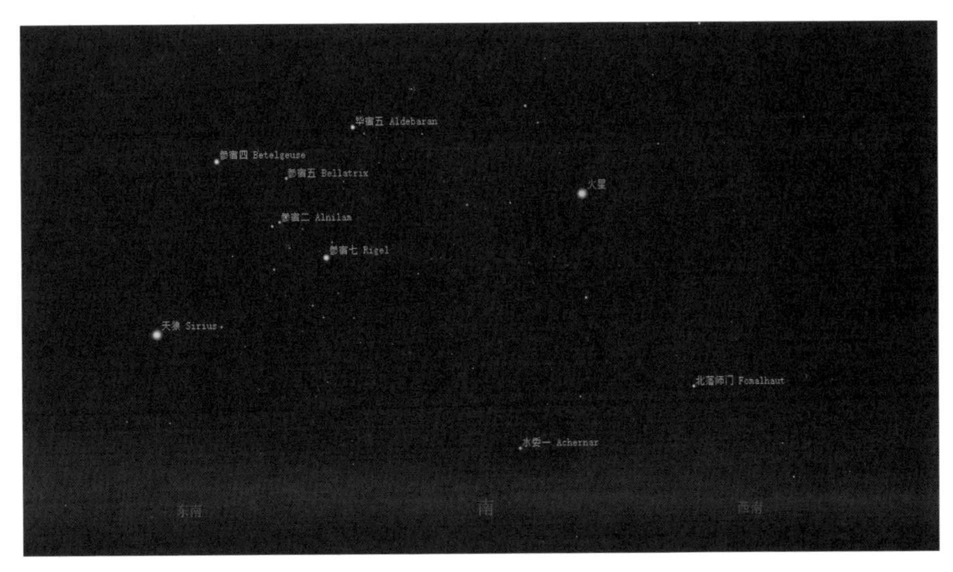

图6-7 Stallerium模拟2020年11月17日0:24低光污染下的广州南方天空

打开Stallerium，通过设置我们所在的地点，我们即能看到所在地点的实时星空。通过勾选星座连线、星座名称、星座图绘，我们可以更直观地认识星座。通过设置时间的流逝，我们还可以直观地看到天体东升西落的周日视运动。

3. 移动天文台

这是在安卓手机上能够下载的星空模拟APP，它也能像星图软件一样，让你随时随地看见星空的模样（如图6-8）。

移动天文台APP已下架，但以前安装的APP仍可使用。

图6-8 移动天文台APP截图

4. Gaia Sky

这也是一款不错的星空模拟软件，Gaia Sky能显示目前人类能观测到的有数据的天体，利用它，我们能看到距离我们较近或很远的星星，以及这些星星的数据（如图6-9）。

图 6-9　Gaia Sky 软件截图

5. 万维天文望远镜（WWT）

这是国内比较推荐的一款星空模拟软件，它不仅可以模拟星空，还能从官网获取一些卫星、脉冲星等的数据，并模拟这些天体的运行(如图 6-10)。不仅如此，对于科普工作者来说，这款软件还能帮助我们制作天文科普视频。我国致力于利用这款软件来进行天文科普，现在我国在不断地举办 WWT 视频比赛，以引起整个社会对天文的关注。

图 6-10　万维天文望远镜软件截图

其实星空模拟软件不止这些，有些星空模拟游戏也是很好玩的，我们在这里就不多介绍了，大家可以在各种平台寻找这类星空模拟软件，在家享受星空的壮丽！不仅如此，为了提高社会对天文学这门学科的关注度，我国还开放了一些望远镜的一些时段，供我们参观和参与观测。因此，只要你有梦想，仰望星空并非难事！